甘肃太子山国家级自然保护区

鸟类图鉴

GANSU TAIZISHAN GUOJIAJI ZIRAN BAOHUQU
NIAOLEI TUJIAN

敏正龙 ◎ 主编

U0209447

甘肃科学技术出版社

图书在版编目（CIP）数据

甘肃太子山国家级自然保护区鸟类图鉴 / 敏正龙主
编. -- 兰州 : 甘肃科学技术出版社，2023.8
ISBN 978-7-5424-3125-7

Ⅰ．①甘… Ⅱ．①敏… Ⅲ．①自然保护区－鸟类－甘
肃－图集 Ⅳ．①Q959.708-64

中国国家版本馆CIP数据核字(2023)第150631号

甘肃太子山国家级自然保护区鸟类图鉴

敏正龙　主编

责任编辑　陈学祥
封面设计　麦朵设计

出　版　甘肃科学技术出版社
社　址　兰州市城关区曹家巷1号　730030
电　话　0931-2131572(编辑部)　0931-8773237(发行部)

发　行　甘肃科学技术出版社　　　印　刷　兰州新华印刷厂
开　本　889毫米×1194毫米　1/16　印　张　13.25　插　页　4　字　数　194千
版　次　2023年9月第1版
印　次　2023年9月第1次印刷
印　数　1~1000
书　号　ISBN 978-7-5424-3125-7　定　价　128.00元

编 委 会

前　言

　　鸟类是天空舞者、森林卫士、自然精灵，对于维护生态平衡和生态系统的多样性具有重要作用。我国疆域辽阔、地形复杂、气候多样，为鸟类的生存繁衍提供了得天独厚的优越条件，使我国成为世界上鸟类多样性最为丰富的国家之一。据统计，我国现有鸟类 1445 种，其中特有鸟类有 93 种、候鸟有 750 余种。加强鸟类调查研究保护，是维持生物多样性、呵护生态家园的重要内容，也是贯彻落实习近平生态文明思想、建设美丽中国的具体体现，是推进生态文明建设的必然要求，对全面建设人与自然和谐共生的现代化具有重要意义。

　　甘肃太子山国家级自然保护区地处青藏高原向黄土高原过渡地带，临夏回族自治州和甘南藏族自治州之间，属于森林生态系统类型，总面积 84 700hm²，东西长约 100km，南北宽 10~20km，地理位置介于东经 102° 43′~103° 42′、北纬 35° 02′~35° 36′之间。海拔 2200~4636m。属温带大陆性气候，年平均气温 5.1℃，无霜期 110d 左右，年均降水量 660mm。发源于该区的河（溪）流近 200 条，其中较大河流 16 条，是黄河上游重要的水源补给区，也是甘肃中南部少有的一片天然林区，持续发挥了涵养水源、保持水土、维护生态平衡、改善黄河上游生态环境等巨大作用。

　　保护区独特的生态区位、特殊的地形、气候条件，孕育了完整的森林生态系统、丰富的生物多样性和显著的珍稀物种，据 2005 年考察，保护区共有维管植物 95 科 358 属 838 种 33 变种 1 亚种 3 变型，其中国家重点保护植物（第一批、第二批）38 种、甘肃省重点保护植物 13 种；保护区有脊椎动物 25 目 59 科 212 种。在陆生脊椎动物中，有鸟类 130 种，涉及 14 目 33 科，其中国家一级保护鸟类 5 种、国家二级保护鸟类 16 种。

长期以来，甘肃太子山国家级自然保护区坚持不懈加大生态保护力度，自然资源及生态环境得到有力改善，野生动物栖息地得到有效保护，加之保护区又处在我国第四条候鸟迁徙带，区内及林缘鸟类种群及多样性明显增加，原来的鸟类基础资料又欠缺图片记录，为此，太子山管护中心于 2022 年开始，聘请有关科研单位、院校专家指导，组建鸟类观测拍摄调查队，至 2023 年为期近 2 年时间里，采集拍摄鸟类照片 20 000 余张资料，收集了专家、同仁们提供的照片资料，通过鉴定和整理筛选编制成《甘肃太子山国家级自然保护区鸟类图鉴》。

本书作为甘肃太子山国家级自然保护区野生动物调查研究的重要成果之一，收录了太子山保护区鸟类从鸡形目到雀形目共 16 目 41 科 167 种，其中国家一级重点保护鸟类 13 种，国家二级重点保护鸟类 22 种，详细介绍每种鸟类的分类、中文名和拉丁名，描述该种鸟类形态特征、生活习性、地理分布、保护及濒危等级等，选配图片体现较高的专业性，真实反映保护区鸟类的绚丽色彩形态特征和自然生态，本书是一本兼具科学性和实用性的工具书，可为保护区管理人员、技术人员和基层管护人员认知研究鸟类提供参考借鉴，从而促进保护区生物多样性的保护工作。

借此书出版之际，向中国科学院动物所方昀博士和西北师范大学龚大洁教授及长期关心支持保护区的各位领导和同仁们表示衷心的感谢。

由于时间仓促，编者水平有限，疏漏错误之处敬请读者批评指正。

编者

2023 年 2 月

目　　录

鸡形目 GALLIFORMES

雉科 Phasianidae

斑尾榛鸡

Tetrastes sewerzowi

【雄鸟】

形态特征：中型鸟类，上体栗色，具显著的黑色横斑；颏、喉黑色，周边围有白边；胸栗色，向后近白色；各羽均具黑色横斑，外侧尾羽黑褐色。雄鸟额基白色，鼻孔羽黑色，头顶和枕深栗色；耳羽深绿色；背、腰和尾上覆羽栗色；外侧尾羽黑褐色；中央一对尾羽棕栗色。颏、喉黑色；腹羽呈黑白相间的横斑；尾下覆羽淡棕栗色。国家一级重点保护野生动物。

生活习性：多在树上活动和栖息，晚上亦在云杉树上过夜。主要以植物性食物为食。

地理分布：甘肃太子山国家级自然保护区有分布。

【雌鸟】

形态特征：雌鸟和雄鸟相似，但体色较暗，鼻孔羽毛不为黑色而为淡棕栗色，额基亦不为白色而为淡棕栗色，且具黑斑，眼后具淡黄白色纵纹。

红喉雉鹑

Tetraophasis obscurus

形态特征：雄性成鸟鼻孔羽黑色；额白，各羽端黑；头顶和枕部深栗色，杂以黑色或淡橄榄绿的灰色点斑；眼后具1条散黑斑的白色纵带；耳羽深栗色。背、腰、尾上覆羽均为栗色；各羽具狭窄的淡灰色羽端；颏、喉黑色；胸与两肋均浅栗色；腹羽均呈黑、白相间的横斑；尾下腹羽淡棕栗色。雌性成鸟与雄鸟相似，但体色较暗钝，不鲜艳。鼻孔羽毛不成黑色，而与额同为淡栗棕色，具黑斑，眼后纵带淡黄缀白；颏淡棕黄色，羽端沾黑，其周围不具白色纵带。国家一级重点保护野生动物。

生活习性：对高山的自然条件有很强的适应性，喜欢在小溪边饮水。主要以植物为食。

地理分布：甘肃太子山国家级自然保护区有分布。

藏雪鸡

Tetraogallus tibetanus

形态特征：雄性成鸟前额、眼先及耳羽较小。土棕色，眼先棕色比较深，背和腰土棕色，上背棕色较淡，成一淡色环带，下达至胸侧，尾上覆羽灰棕，尾羽深棕，均略缀以黑色斑点，两翅的覆羽与背同，但各羽两侧缘部白或棕白，形成显著的纵纹。雌性成鸟体色与雄鸟相似。幼鸟上体与成鸟相似，眉以下稍沾棕，喉为沾土棕的白色，后胸以下为沾黄的白色，两胁个别羽毛一边具黑色纵纹。虹膜褐色到红褐色，嘴角紫色，基部以及掩盖鼻孔之蜡膜为橙红色。国家二级重点保护野生动物。

生活习性：善于行走和滑翔，对高山的自然条件有很强的适应性。食性以植物性由主。

地理分布：甘肃太子山国家级自然保护区有分布。

石鸡

Alectoris chukar

形态特征： 中型鸡类，体长 34~38cm。又叫美国鹧鸪、嘎啦鸡、红腿鸡等。体重 538~765g。嘴、脚珊瑚红色。虹膜栗褐色。眼的上方有一条宽宽的白纹。围绕头侧和黄棕色的喉部有完整的黑色环带。上背紫棕褐色，下背至尾上覆羽灰橄榄色，喉皮黄白色或黄棕色，眼上白纹宽，耳羽褐色，围绕头侧和喉部有一宽的黑色项圈，胸部灰色，腹部棕黄色，两胁各具 10 余条黑、栗色并列的横斑。中央尾羽棕灰色，其余尾羽栗色。嘴和脚红色。野外特征极明显，容易识别。雌雄同色，但雌鸟稍淡。嘴、眼周的裸出部以及脚、趾等，均珊瑚红色。

生活习性： 栖息于低山丘陵地带的岩石坡和沙石坡上，很少见于空旷的原野，更不见于森林地带。留鸟，白天活动，性喜集群，主要以草本植物和灌木的嫩芽、嫩叶、浆果、种子、苔藓、地衣和昆虫为食，也常到附近农地取食谷物。

地理分布： 甘肃太子山国家级自然保护区有分布。

斑翅山鹑

Perdix dauurica

形态特征：雄性头顶、枕和后颈暗灰褐色，具棕白色羽干纹；额部、眼先、眼上纹和头的两侧棕褐色；前额基部有一小黑斑；耳羽栗褐色。上背及下颈和前胸两侧均为灰色。尾上覆羽的横斑变稀但更宽阔；肩和翅上覆羽及三级飞羽与背小覆暗；头部羽毛和前胸呈棕褐色；下胸至腹部中央具马蹄形黑色块斑。雌性羽色和雄鸟基本相同。头顶暗褐；羽干纹暗棕；耳羽浓栗，中部转黑，眼下有栗斑与耳羽相连；上背灰色范围十分狭窄，上胸呈深棕褐色；下胸马蹄形黑斑缩小，或仅存痕迹。

生活习性：主要以植物性食物为食，包括灌木和草本植物的嫩叶、嫩芽、浆果、草秆等。

地理分布：甘肃太子山国家级自然保护区有分布。

高原山鹑

Perdix hodgsoniae

形态特征： 雄性成鸟头顶栗紫色，杂以黑色；枕和后颈黑色，杂以棕白色羽干和横斑；额基连以狭窄黑斑。从额直至后颈的眼上纹，以及眼先和颊等均为棕白色。下部有一短的黑色细纹；眼下有黑色块斑；赤色块斑有棕色细纹；耳羽具白色羽干纹；后颈和颈侧具褐色半环状项带。肩及翅上覆羽毛三级飞羽等棕黄；次级飞羽黑褐色。喉侧长，颏和闪颈白色；胸侧栗色；胸羽黑色，羽端白色，具栗色横斑；腹部白色；尾下覆羽略带黄色，羽基黑褐色。雌性成鸟与雄性成鸟相似。

生活习性： 主要以高山植物和灌木的叶、浆果、草籽、苔藓等为食。也吃昆虫等动物性食物。

地理分布： 甘肃太子山国家级自然保护区有分布。

血雉

Ithaginis cruentus

【雄鸟】

形态特征：雄鸟额、眼先、眉纹和颊呈黑色，除眼先外多少沾有绯红色。头顶土灰色，羽轴灰白色，部分羽毛向后延长成冠羽；头后两侧黑褐色；耳羽亦为黑褐色，具白色羽轴纹，并向后延伸与头顶延伸羽毛共同组成羽冠；颈淡土灰色，具宽的白色羽干纹；背至尾上覆羽黑褐色，具白色羽干纹。国家二级重点保护野生动物。

生活习性：活动主要在林下地上，晚上到树上栖息。血雉的食物主要以植物为主。

地理分布：甘肃太子山国家级自然保护区广泛分布。

【雌鸟】

形态特征：雌鸟额、眼先和眼的上下浅棕褐色，头顶灰色，具有额棕褐色羽干纹；头顶羽毛并向后延长成羽冠。耳羽灰褐色，具有棕白色羽干；其余上体和两翅表面棕白色；飞羽褐色。

蓝马鸡

Crossoptilon auritum

形态特征：雄鸟前额白色；头顶和枕部密布黑色绒羽，后面界以一道白色窄带；头侧裸露为绯红色；耳羽簇白色，长而硬，突出于头颈之上；颏、喉白色；体羽大都蓝灰色，羽毛多披散如发状；中央尾羽特别延长，高翘于其他尾羽之上，羽支分散下垂，先端沾金属绿色和暗紫蓝色。刚出壳的蓝马鸡羽毛松散如丝，嘴肉红色，虹膜黑褐色，额、脸淡棕色，耳羽前部淡棕、后部黑色，头顶棕白色，背部有两条不明显的淡色纵纹。胸、腹灰白色。脚肉色。国家二级重点保护野生动物。

生活习性：蓝马鸡喜欢成群地生活在一起，夜间结群于枝叶茂盛的树上。主要食物种类有云杉、柳等。

地理分布：甘肃太子山国家级自然保护区有分布。

环颈雉

Phasianus colchicus

【雄鸟】

形态特征：雄鸟前额和上嘴基部黑色，富有蓝绿色光泽。头顶棕褐色，眉纹白色，眼先和眼周裸出皮肤绯红色。颈部有一黑色横带，一直延伸到颈侧与喉部的黑色相连，且具绿色金属光泽。上背羽毛基部紫褐色。背和肩栗红色。下背和腰两侧蓝灰色，中部灰绿色；尾上覆羽黄绿色，部分末梢沾有土红色。尾羽黄灰色。

生活习性：雉鸡脚强健，善于奔跑，特别是在灌丛中奔走极快，也善于藏匿。秋季常集成小群进到农田、林缘和村庄附近活动和觅食。

地理分布：甘肃太子山国家级自然保护区广泛分布。

【雌鸟】

形态特征：雌鸟较雄鸟为小，羽色亦不如雄鸟艳丽，头顶和后颈棕白色。肩和背栗色；下背、腰和尾上覆羽羽色逐渐变淡，呈棕红色和淡棕色。

雁形目 ANSERIFORMES

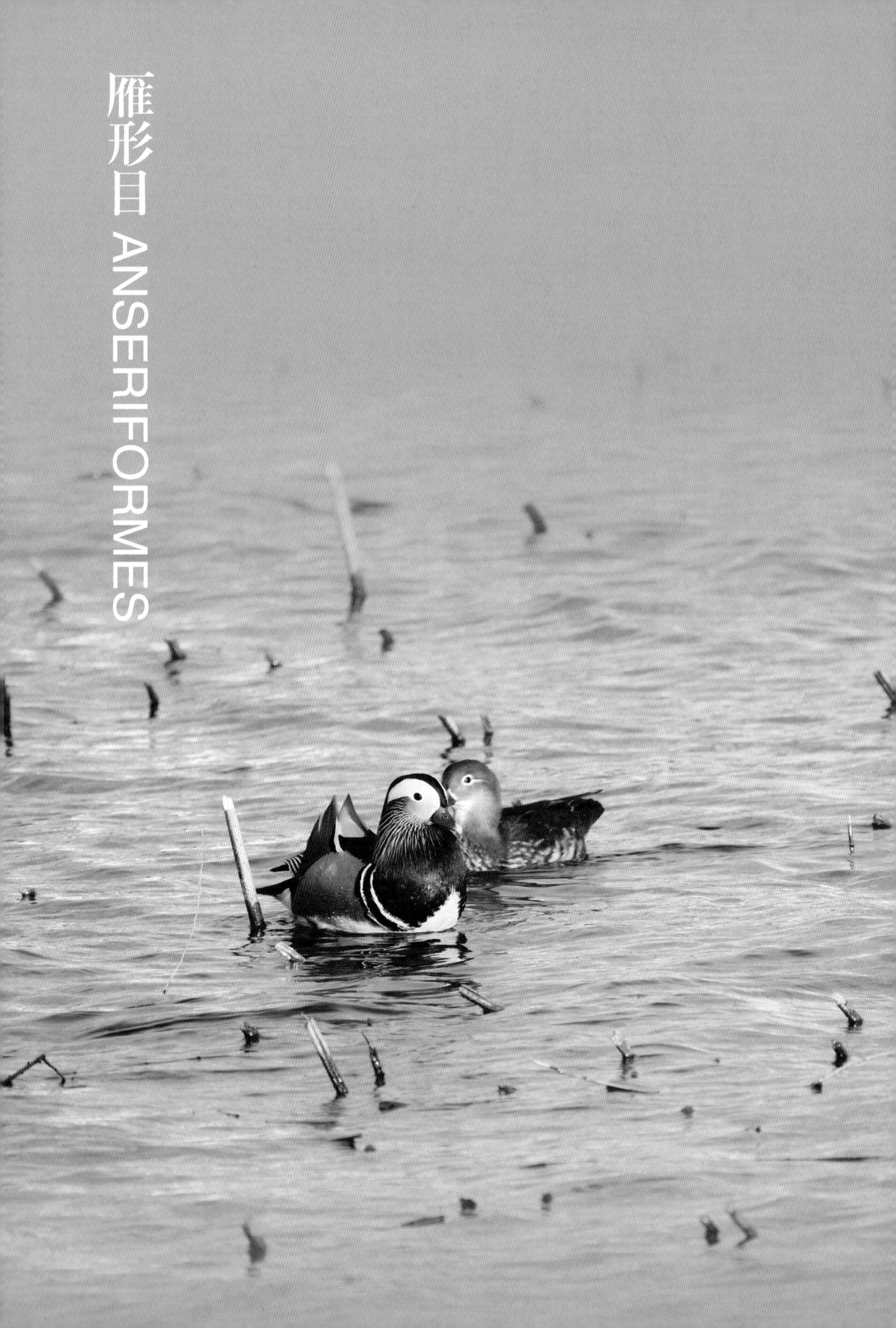

鸭科 Anatidae

赤麻鸭

Tadorna ferruginea

形态特征：雄鸟头顶棕白色；颊、喉、前颈及颈侧淡棕黄色；下颈基部在繁殖季节有一窄的黑色领环；胸、上背及两肩均赤黄褐色；下背稍淡；腰羽棕褐色，尾和尾上覆羽黑色；翅上覆羽白色，小翼羽及初级飞羽黑褐色，次级飞羽外翈辉绿色，形成鲜明的绿色翼镜，下体棕黄褐色，其中以上胸和下腹以及尾下覆羽最深；腋羽和翼下覆羽白色。雌鸟羽色和雄鸟相似，但体色稍淡，头顶和头侧几乎白色，颈基无黑色领环。幼鸟和雌鸟相似，微沾灰褐色，特别是头部和上体。

生活习性：赤麻鸭是迁徙性鸟类。主要以水生植物叶、芽、种子等植物性食物为食。觅食多在黄昏和清晨。

地理分布：甘肃太子山国家级自然保护区有分布。

鸳鸯

Aix galericulata

形态特征：小型游禽，雄鸟额和头顶中央翠绿色，并具金属光泽；枕部铜赤色，与后颈的暗紫绿色长羽组成羽冠。眉纹白色，宽而且长，并向后延伸构成羽冠的一部分。眼先淡黄色，颊部具棕栗色斑，眼上方和耳羽棕白色，颈侧具长矛形的辉栗色领羽。背暗褐色；内侧肩羽紫色，外侧数枚纯白色。尾羽暗褐色而带金属绿色。雌鸟头和后颈灰褐色，眼周白色。上体灰褐色，两翅和雄鸟相似。颏、喉白色。胸、胸侧和两胁暗棕褐色。腹和尾下覆羽白色。国家二级重点保护野生动物。

生活习性：一般在河中水流平稳处和水边浅水处觅食，有时也到收获后的农田与耕地中觅食。

地理分布：甘肃太子山国家级自然保护区有分布。

绿头鸭

Anas platyrhynchos

【雄鸟】

形态特征：雄鸟头、颈绿色，具辉亮的金属光泽。颈基有一白色领环。上背和两肩褐色，密杂以灰白色波状细斑，羽缘棕黄色；下背黑褐色，腰和尾上覆羽绒黑色，微具绿色光泽。中央两对尾羽黑色，外侧尾羽灰褐色。两翅灰褐色。颏近黑色，上胸浓栗色；下胸和两胁灰白色。尾下覆羽绒黑色。

生活习性：或是游泳于水面，或是栖息于水边或岸上。主要以野生植物的叶、芽和种子等植物性食物为食。

地理分布：甘肃太子山国家级自然保护区有分布。

【雌鸟】

形态特征：雌鸟头顶至枕部黑色；头侧、后颈和颈侧浅棕黄色；贯眼纹黑褐色；上体亦为黑褐；尾羽淡褐色；两翅似雄鸟；颏和前颈浅棕红色，其余下体浅棕色或棕白色，杂有暗褐色斑或纵纹。

斑嘴鸭

Anas zonorhyncha

　　形态特征：体长（60cm）的深褐色鸭。头色浅，顶及眼线色深，嘴黑而嘴端黄且于繁殖期黄色嘴端顶尖有一黑点为本种特征。喉及颊皮黄。深色羽带浅色羽缘使全身体羽呈浓密扇贝形。翼镜为金属蓝色或金属绿紫色，后缘多有白带。白色的三级飞羽停栖时有时可见，飞行时甚明显。两性同色，但雌鸟较黯淡。虹膜为褐色；嘴部黑色而端黄；脚为珊瑚红。幼鸟似雌鸟，但上嘴大都棕黄色，中部开始变为黑色，下嘴多为黄色，亦开始变黑，体羽棕色边缘较宽，翼镜前后缘的白纹亦较宽，尾羽中部和边缘棕白色，尾下覆羽淡棕白色。

　　生活习性：主要栖息在内陆各类大小湖泊、水库、江河、水塘、河口、沙洲和沼泽地带。除繁殖期外，常成群活动。善游泳，也善于行走，但很少潜水。活动时常成对或分散成小群游泳于水面，休息时多集中在岸边沙滩或水中小岛上。主要以植物性食物为食。此外也吃谷物种子、昆虫、软体动物等动物性食物。

　　地理分布：甘肃太子山国家级自然保护区有分布。

普通秋沙鸭

Mergus merganser

形态特征：体型略大（68cm）的食鱼的鸭。细长的嘴具钩。雄鸟头和上颈黑褐色，具绿色金属光泽，枕具短而厚的黑褐色羽冠，下颈白色。上背黑褐色，肩羽外侧白色，内侧黑褐色，下背灰褐色，腰和尾上覆羽灰色，尾羽灰褐色。翅上初级飞羽和覆羽暗褐色，次级飞羽外翈具窄的黑色边缘，大覆羽和中覆羽白色，小覆羽灰色而具白色端斑，翅上各羽之白色形成一个大的白色翼镜。下体从下颈、胸、一直到尾下覆羽均为白色。雌鸟额、头顶、枕和后颈棕褐色，头侧、颈侧以及前颈淡棕色，肩羽灰褐色，翅上次级覆羽灰色，颏、喉白色，微缀棕色，体两侧灰色而具白斑。余同雄鸟。幼鸟：似雌鸟，喉白色一直延伸至胸。虹膜为褐色；嘴为红色；脚为红色。

生活习性：主要栖息于森林和森林附近的江河、湖泊和河口地区，也栖息于开阔的高原地区水域。候鸟，食性以鱼、虾、水生昆虫等动物性食物为主，亦采食少量的水生植物。

地理分布：甘肃太子山国家级自然保护区有分布。

鸽形目 COLUMBIFORMES

鸠鸽科 Columbidae

岩鸽

Columba rupestris

形态特征：雄鸟体长可达 32~35cm。雌鸟较小，长达 23~34cm。头和颈呈灰蓝色，肩和上胸、颈基以及喉、胸等部分都带有铜绿色的金属光泽，颈后喙和胸上部还具紫红色光泽，形成显著颈环。上背和两肩大部呈为灰色，翅上覆羽浅石板灰色，内侧飞羽和大覆羽具两道不完全的黑色横带，初级飞羽黑褐色，内侧中部浅灰色，外侧和羽端褐色，次级飞羽末端也为褐色，下背白色，腰和尾上覆羽暗灰色。尾石板灰黑色，先端黑色，近尾端处横贯一道宽阔的白色横带。尾羽呈灰黑色，先端黑色。虹膜橙黄色，嘴黑色，跗跖及趾暗红朱红色，爪黑褐色。两翅折合时有两条明显的黑色横翅斑带。

生活习性：主要栖息于山地岩石和悬岩峭壁处，最高可达海拔 5000m 以上的高山和高原地区，常成群活动。主要以植物种子、果实、球茎、块根等植物性食物为食，也吃麦粒、青稞、谷粒、玉米、稻谷、豌豆等农作物种子。

地理分布：甘肃太子山国家级自然保护区有分布。

雪鸽

Columba leuconota

形态特征：雪鸽雌雄羽色相似。头和颈上部乌灰色或石板灰色。眼周白色。后颈下部白色，形成一显著的白色领圈。上背、两肩及内侧小覆羽和次级飞羽淡褐色；下背白色。腰和尾上覆羽黑色。尾灰黑色，外侧尾羽基部白色。中央尾羽中部有一宽阔的白色带斑。此斑向外侧尾羽逐渐移向端部。翅灰色，翅上中覆羽、大覆羽和次级飞羽末端淡褐色，在翅上形成三道暗色翅带。初级飞羽暗灰色，尖端褐色，具窄的银灰色羽缘。外侧次级飞羽基部灰色，端部褐色，羽轴暗褐色。下体白色。幼鸟和成鸟相似，但上体和翅具窄的淡皮黄色羽缘。下体白色，微缀皮黄色。虹膜金黄色，嘴黑色，脚和趾亮红色，爪黑色。

生活习性：留鸟。常成群活动。滑翔于高山草甸、悬崖岩壁间。主要以草籽、野生豆科植物种子和浆果等植物性食物为食，也吃青稞、油菜籽、豌豆、四季豆、玉米等农作物。

地理分布：甘肃太子山国家级自然保护区新营关、关滩乌龙沟有分布。

山斑鸠

Streptopelia orientalis

形态特征：山斑鸠雌雄相似。前额和头顶前部蓝灰色，头顶后部至后颈转为沾栗的棕灰色，颈基两侧各有一块羽缘为蓝灰色的黑羽，形成显著黑灰色颈斑。上背褐色，各羽缘为红褐色；下背和腰蓝灰色，尾上覆羽和尾同为褐色。最外侧尾羽外翈灰白色。肩和内侧飞羽黑褐色，具红褐色羽缘；外侧中覆羽和大覆羽深石板灰色，羽端较淡；飞羽黑褐色。下体为葡萄酒红褐色，颏、喉棕色沾染粉红色，胸沾灰，腹淡灰色，两胁、腑羽及尾下覆羽蓝灰色。虹膜金黄色或橙色，嘴铅蓝色。

生活习性：觅食多在林下地上、林缘和农田。主要吃各种植物的果实、种子、草籽、嫩叶、幼芽。

地理分布：甘肃太子山国家级自然保护区有分布。

灰斑鸠

Streptopelia decaocto

形态特征：额和头顶前部灰色，向后逐渐转为浅粉红灰色。后颈基处有一道半月形黑色领环，其前后缘均为灰白色或白色，使黑色领环衬托得更为醒目。背、腰、两肩和翅上小覆羽均为淡葡萄色，其余翅上覆羽淡灰色或蓝灰色，飞羽黑褐色，内侧初级飞羽沾灰。尾上覆羽也为淡葡萄灰褐色，较长的数枚尾上覆羽沾灰，中央尾羽葡萄灰褐色，外侧尾羽灰白色或白色，而羽基黑色。颏、喉白色，其余下体淡粉红灰色，尾下覆羽和两胁蓝灰色，翼下覆羽白色。虹膜红色，眼睑也为红色，眼周裸露皮肤白色或浅灰色，嘴近黑色，脚和趾暗粉红色，爪黑色。

生活习性：栖息于平原、山麓和低山丘陵地带树林中，也常出现于农田、耕地、果园、灌丛、城镇和村屯等附近。群居物种，多呈小群或与其他斑鸠混群活动。主要以各种植物果实与种子为食，也吃草籽、农作物谷粒和昆虫。

地理分布：甘肃太子山国家级自然保护区有分布。

珠颈斑鸠

Spilopelia chinensis

形态特征：前额淡蓝灰色，到头顶逐渐变为淡粉红灰色；枕、头侧和颈粉红色，后颈有一大块黑色领斑，其上布满白色或黄白色珠状似的细小斑点，上体余部褐色。中央尾羽与背同色；外侧尾羽黑色，具宽阔的白色端斑。翼缘、外侧小覆羽和中覆羽蓝灰色，其余覆羽较背为淡。飞羽深褐色，羽缘较淡。颏白色，头侧、喉、胸及腹粉红色；两胁、翅下覆羽、腋羽和尾下覆羽灰色。雌鸟羽色和雄鸟相似，但不如雄鸟辉亮、较少光泽。虹膜褐色，嘴深角褐色，脚和趾紫红色，爪角褐色。

生活习性：常分散栖于相邻的树枝头。通常在天亮后离开栖息树到地上觅食，主要以植物种子为食。

地理分布：甘肃太子山国家级自然保护区有分布。

鹃形目 CUCULIFORMES

杜鹃科 Cuculidea

大鹰鹃

Hierococcyx sparverioides

形态特征：头和颈侧灰色，眼先近白色。上体和两翅表面淡灰褐色；尾上覆羽较暗，具宽阔的次端斑和窄的近灰白色或棕白色端斑。尾灰褐色，具五道暗褐色和三道淡灰棕色带斑，尾基部还在覆羽下隐掩着一条白色带斑，初级飞羽内侧具多道白色横斑。颏暗灰色至近黑色，有一灰白色髭纹。其余下体白色。喉、胸具栗色和暗灰色纵纹，下胸及腹具较宽的暗褐色横斑。幼鸟上体褐色，微具棕色横斑，下体除颏为黑色外，全为淡棕黄色。各羽中央具一宽的黑色纵纹或斑点，胸侧常具宽的横斑，两胁和覆腿羽具浓黑色横斑。虹膜黄色至橙色，幼鸟褐色，眼睑橙色，嘴暗褐色。下嘴端部和嘴裂淡角绿色，脚橙色至角黄色。

生活习性：常单独活动，多隐藏于树顶部枝叶间鸣叫。主要以昆虫为食，特别是鳞翅目幼虫、蝗虫、蚂蚁和鞘翅目昆虫。繁殖期4~7月，自己不营巢。常将卵产于钩嘴鹛、喜鹊等鸟巢中。

地理分布：甘肃太子山国家级自然保护区有分布。

大杜鹃

Cuculus canorus

　　形态特征：额浅灰褐色，头顶、枕至后颈暗银灰色，背暗灰色，腰及尾上覆羽蓝灰色，中央尾羽黑褐色，羽轴纹褐色，沿羽轴两侧缀白色细斑点，且多成对分布，末端具白色先端，两侧尾羽浅黑褐色，羽干两侧也具白色斑点。幼鸟头顶、后颈、背及翅黑褐色，各羽均具白色端缘，形成鳞状斑，以头、颈、上背为细密，下背和两翅较疏阔。飞羽内侧具白色横斑；尾羽黑色而具白色端斑，羽轴及两侧具白色斑块。颏、喉、头侧及上胸黑褐色，杂以白色块斑和横斑，其余下体白色。

　　生活习性：常单独活动。飞行快速而有力。主要以松毛虫、松针枯叶蛾，以及其他鳞翅目幼虫为食。

　　地理分布：甘肃太子山国家级自然保护区有分布。

鹤形目 GRUIFORMES

秧鸡科 Rallidae

白胸苦恶鸟
Amaurornis phoenicurus

形态特征：中型涉禽，上体暗石板灰色，两颊、喉以至胸、腹均为白色，与上体形成黑白分明的对照。下腹和尾下覆羽栗红色。成鸟两性相似，雌鸟稍小。头顶、枕、后颈、背和肩暗石板灰色，沾橄榄褐色，并微着绿色光辉。两翅和尾羽橄榄褐色，第一枚初级飞羽外翈具白缘。额、眼先、两颊、颏、喉、前颈、胸至上腹中央均白色，下腹中央白而稍沾红褐色，下腹两侧、肛周和尾下覆羽红棕色。幼鸟面部有模糊的灰色羽尖，上体的橄榄褐色多于石板灰色。虹膜红色。嘴黄绿色。

生活习性：性机警，白天在植物茂密处或水边草丛中活动。杂食性，动物性食物有昆虫及其幼虫。

地理分布：甘肃太子山国家级自然保护区有分布。

鸻形目 CHARADRIIFORMES

鹬科 Scolopacidae

丘鹬

Scolopax rusticola

　　形态特征：前额灰褐色，杂有淡黑褐色及赭黄色斑。头顶和枕绒黑色；后颈多呈灰褐色。上体锈红色，杂有黑色、黑褐色及灰褐色横斑和斑纹；上背和肩具大型黑色斑块。飞羽、覆羽黑褐色，具锈红色横斑和淡灰黄色端斑。下背、腰和尾上覆羽具黑褐色横斑。尾羽黑褐色。头两侧灰白色或淡黄白色。颏、喉白色。腋羽灰白色。幼鸟和成鸟羽色相似，但前额为乳黄白色，羽端沾黑色，上体棕红色，较成体鲜艳。黑斑也较成体少。尾上覆羽棕色，不具横斑。其余同成鸟。

　　生活习性：白天常隐伏在林中或草丛中，夜晚和黄昏才到附近的河边和沼泽地上觅食。主要以无脊椎动物为食。

　　地理分布：甘肃太子山国家级自然保护区有分布。

白腰草鹬

Tringa ochropus

形态特征：前额、头顶、后颈黑褐色具白色纵纹。上背、肩、翅覆羽和三级飞羽黑褐色，羽缘具白色斑点。下背和腰黑褐色微具白色羽缘；尾上覆羽白色，尾羽亦为白色。自嘴基至眼上有一白色眉纹，眼先黑褐色。颊、耳羽、颈侧白色具细密的黑褐色纵纹。颏白色，喉和上胸白色密被黑褐色纵纹。胸、腹和尾下覆羽纯白色，胸侧和两胁亦为白色具黑色斑点。腋羽和翅下覆羽黑褐色具细窄的白色波状横纹。冬羽和夏羽基本相似，背和肩具不甚明显的皮黄色斑点。

生活习性：多活动在水边浅水处、砾石河岸、泥地、沙滩、水田和沼泽地上。主要以昆虫幼虫等小型无脊椎动物为食。

地理分布：甘肃太子山国家级自然保护区有分布。

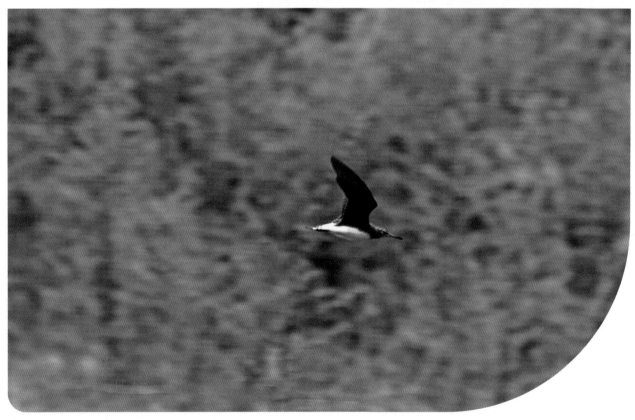

扇尾沙锥

Gallinago gallinago

  形态特征：头顶黑褐色，后颈棕红褐色。头顶中央有一棕红色或淡皮黄色中央冠纹自额基至后枕。两侧各有一条白色或淡黄白色眉纹自嘴基至眼后。眼先淡黄白色或白色，有一黑褐色纵纹从嘴基到眼。两颊具不甚明显的黑褐色纵纹。背、肩、三级飞羽绒黑色，具红栗色和淡棕红色斑纹及羽缘。尾上覆羽基部灰黑色，具灰黑色横斑。尾羽黑色。外侧尾羽不变窄。颏灰白色，前颈和胸棕黄色或皮黄褐色；下胸和腹纯白色。幼鸟和成鸟相似，但翅上覆羽微缀皮黄白色羽缘。上体纵带较窄。

  生活习性：白天多隐藏在植物丛中。主要以蚂蚁、鞘翅目昆虫为食，偶尔也吃小鱼和杂草种子。

  地理分布：甘肃太子山国家级自然保护区有分布。

鸥科 Laridae

红嘴鸥
Larus ridibundus

形态特征：夏羽头至颈上部咖啡褐色，羽缘微沾黑，眼后缘有一星月形白斑。颏中央白色。颈下部、上背、肩、尾上覆羽和尾白色，下背、腰及翅上覆羽淡灰色。翅前缘、后缘和初级飞羽白色。嘴暗红色，先端黑色。冬羽头白色，头顶、后头沾灰，眼前缘及耳区具灰黑色斑，嘴和脚鲜红色。深巧克力褐色的头罩延伸至顶后，翼尖的黑色并不长，翼尖无或微具白色点斑。眼周有白色羽圈；下背、肩、腰及两翅的内侧覆羽和次级飞羽均为珠灰色；上背、外侧大覆羽和初级覆羽均为白色。

生活习性：常成群活动，浮于水面或立于漂浮木或固定物上，在鱼群上作燕鸥样盘旋飞行。

地理分布：甘肃太子山国家级自然保护区有分布。

鹳形目 CICONIIFORMES

鹳科 Storkfamilies

黑鹳

Ciconia nigra

形态特征：两性相似。成鸟嘴长而直，基部较粗，往先端逐渐变细。鼻孔小，呈裂缝状。尾较圆，尾羽12枚。脚甚长，胫下部裸出，前趾基部间具蹼，爪钝而短。头、颈、上体和上胸黑色，颈具辉亮的绿色光泽。背、肩和翅具紫色和青铜色光泽，胸亦有紫色和绿色光泽。前颈下部羽毛延长。下胸、腹、两胁和尾下覆羽白色。幼鸟头、颈和上胸褐色，颈和上胸具棕褐色斑点，上体包括两翅和尾黑褐色，下胸、腹、两胁和尾下覆羽白色，胸和腹部中央微沾棕色。国家一级重点保护野生动物。

生活习性：性孤独，常单独或成对活动在水边浅水处或沼泽地上。主要以小型鱼类为食。

地理分布：甘肃太子山国家级自然保护区有分布。

鲣鸟目 SULIFORMES

鸬鹚科 Phalacrocoracidae

普通鸬鹚
Phalacrocorax carbo

形态特征：夏羽头、颈和羽冠黑色，具紫绿色金属光泽，并杂有白色丝状细羽；上体黑色；两肩、背和翅覆羽铜褐色并具金属光泽；羽缘暗铜蓝色；尾圆形、灰黑色，羽干基部灰白色；颊、颏和上喉白色；其余下体蓝黑色。冬羽似夏羽，但头颈无白色丝状羽，两胁无白斑。生殖时期腰之两侧各有一个三角形白斑。头部及上颈部分有白色丝状羽毛，后头部有一不很明显的羽冠。幼鸟似成鸟冬羽，但色较淡，上体多呈暗茶褐色，头无冠羽，胸、腹中央为丝亮白色。

生活习性：栖止时，在石头或树桩上久立不动。主要通过潜水捕食，有时亦长时间地站立，发现猎物后再潜入水中追捕。

地理分布：甘肃太子山国家级自然保护区有分布。

鹈形目 PELECANIFORMES

鹭科 Ardeidae

苍鹭

Ardea cinerea

形态特征：雄鸟头顶中央和颈白色，头顶两侧和枕部黑色。羽冠为4根细长的羽毛形成，分为两条位于头顶和枕部两侧，状若辫子，颜色为黑色。上体自背至尾上覆羽苍灰色，尾羽暗灰色，两肩有长尖而下垂的苍灰色羽毛，呈白色或近白色。颏、喉白色，颈的基部有呈披针形的灰白色长羽披散在胸前。胸、腹白色；前胸两侧各有一块大的紫黑色斑。两胁微缀苍灰色。腋羽及翼下覆羽灰色，腿部羽毛白色。幼鸟似成鸟，但头颈灰色较浓，背微缀有褐色。

生活习性：常单独涉水于水边浅水处。晚上多成群栖息于高大的树上休息。主要以小型鱼类和昆虫等动物性食物为食。

地理分布：甘肃太子山国家级自然保护区有分布。

大白鹭

Ardea alba

形态特征：大型鹭类，颈、脚甚长，两性相似，全身洁白。繁殖期间肩背部着生有三列长而直、羽枝呈分散状的蓑羽，一直向后延伸到尾端，有的甚至超过尾部 30 ~ 40mm。蓑羽羽干呈象牙白色，基部较强硬，到羽端渐次变小，羽支纤细分散，且较稀疏。下体亦为白色，腹部羽毛沾有轻微黄色。嘴和眼先黑色，嘴角有一条黑线直达眼后。冬羽和夏羽相似，全身多为白色，但前颈下部和肩背部无长的蓑羽、嘴和眼先为黄色。虹膜黄色，嘴、眼先和眼周皮肤繁殖期为黑色，非繁殖期为黄色。

生活习性：主要在水边浅水处涉水觅食，也常在水域附近草地上慢慢行走，边走边啄食。

地理分布：甘肃太子山国家级自然保护区有分布。

鷹形目 ACCIPITRIFORMES

鹰科 Accipitridae

胡兀鹫

Gypaetus barbatus

形态特征：头顶具淡灰褐色或黄白色羽毛，头的两侧亦多为白色或黄白色，脸前面被有黑色刚毛，头部有一条宽阔的黑贯眼纹延伸到颏部；眼先和嘴基亦被有黑色刚毛。上背、短的肩羽和内侧覆羽暗褐色，具皮黄色或白色羽轴纹。尾长，楔形，暗褐色或灰褐色。下体橙皮黄色到黄褐色，胸部橙黄色尤为鲜亮。幼鸟主要为暗褐色，上体具淡色羽轴纹，头颈多为黑色，颏部有黑色"胡须"。国家一级重点保护野生动物。

生活习性：常单独或成对活动，很少与其他猛禽混群。常在山顶或山坡上空缓慢地飞行和翱翔。主要以大型动物尸体为食，特别喜欢新鲜尸体和骨头。

地理分布：甘肃太子山国家级自然保护区有分布。

凤头蜂鹰

Pernis ptilorhynchus

形态特征：中型猛禽，头顶暗褐色至黑褐色，头侧具有短而硬的鳞片状羽毛，而且较为厚密，是其独有的特征之一。头的后枕部通常具有短的黑色羽冠，显得与众不同。上体通常为黑褐色，头侧为灰色，喉部白色，具有黑色的中央斑纹，其余下体为棕褐色或栗褐色，具有淡红褐色和白色相间排列的横带和粗著的黑色中央纹。初级飞羽为暗灰色，尾羽为灰色或暗褐色。它的羽冠看上去像在头顶戴了一尊"凤冠"，凤头蜂鹰之名就是由此而来的。国家二级重点保护野生动物。

生活习性：主要以蜂类为食，也吃其他昆虫，偶尔也吃小的蛇类、蜥蜴、蛙、小型哺乳动物、鼠类、鸟等动物性食物。

地理分布：甘肃太子山国家级自然保护区有分布。

高山兀鹫

Gyps himalayensis

形态特征：大型猛禽，头和颈上部被有淡黄色针毛，到下颈羽毛逐渐变白和变成绒羽，颈基部有长而呈披针形的簇羽，淡皮黄色或黄褐色，具有中央白色羽轴纹。背和翅上覆羽淡黄褐色，羽毛中央较褐，外侧大覆羽、飞羽和尾羽暗褐色。上胸淡褐色，其余下体淡皮黄褐色，肛区和尾下覆羽近白色，具不清晰的羽轴纹。幼鸟头部褐色，绒羽较成鸟多。上体暗褐色，背、肩和翅上覆羽具粗著的黄白色纵纹，初级飞羽和尾羽黑褐色。下体暗褐色。国家二级重点保护野生动物。

生活习性：常翱翔于6000m高空，长时间在空中寻找动物尸体或残骸，发现后落地撕食。主要以腐肉和尸体为食。

地理分布：甘肃太子山国家级自然保护区有分布。

秃鹫

Aegypius monachus

形态特征：体形大，是高原上体格最大的猛禽，两翅展开翼展有 2m 多长、0.6m 宽。成年秃鹫额至后枕被有暗褐色绒羽，后头较长而致密，羽色亦较淡，头侧、颊、耳区具稀疏的黑褐色毛状短羽，眼先被有黑褐色纤羽，后颈上部赤裸无羽，铅蓝色。脖子的基部长了一圈比较长的羽毛。上体自背至尾上覆羽暗褐色，尾略呈楔形，暗褐色。下体暗褐色，前胸密被以黑褐色毛状绒羽。幼鸟和成鸟基本相似，但体色较暗，头更较裸露。国家一级重点保护野生动物。

生活习性：吃的大多是哺乳动物的尸体。主要以大型动物的尸体和其他腐烂动物为食，被称为"草原上的清洁工"。

地理分布：甘肃太子山国家级自然保护区有分布。

草原雕

Aquila nipalensis

　　形态特征：大型猛禽，是一种全深褐色雕类。体羽以褐色为主，上体土褐色，头顶较暗浓。飞羽黑褐色，杂以较暗的横斑，外侧初级飞羽内基部具褐色与污白色相间的横斑；下体暗土褐色，胸、上腹及两胁杂以棕色纵纹；尾下覆淡棕色，杂以褐斑。头显得较小而突出，两翼较长。雌雄相似，雌鸟体形较大。幼鸟体色较淡，咖啡奶色，翼下具白色横纹，尾黑，尾端的白色及翼后缘的白色带与黑色飞羽成对比。翼上具两道皮黄色横纹。国家一级重点保护野生动物。

　　生活习性：栖息于电线杆上、孤立的树上和地面上。主要以黄鼠、鼠兔、野兔、蛇和鸟类等小型脊椎动物和昆虫为食。

　　地理分布：甘肃太子山国家级自然保护区广泛分布。

白肩雕

Aquila heliaca

　　形态特征：前额至头顶黑褐色，头顶后部、枕、后颈和头侧棕褐色，后颈缀细的黑褐色羽干纹。上体至背、腰和尾上覆羽均为黑褐色，微缀紫色光泽，长形肩羽纯白色；尾羽灰褐色。翅上覆羽黑褐色。下体自颏、喉、胸、腹、两胁和覆腿羽黑褐色，尾下覆羽淡黄褐色。幼鸟头、后颈和上背土褐色，具细的棕白色羽干纹，下背至尾上覆羽淡棕皮黄色，尾土灰褐色，具宽阔的皮黄色端斑；飞羽黑褐色，尖端淡黄白色，翅上覆羽暗土褐色，内侧稍淡和具棕白色羽缘。下体棕褐色，颏和喉较浅淡。国家一级重点保护动物。

　　生活习性：常单独活动。或翱翔于空中，或长时间停息于空旷地区的孤立树上或岩石和地面上。

　　地理分布：甘肃太子山国家级自然保护区有分布。

金雕

Aquila chrysaetos

形态特征：大型猛禽，头顶黑褐色，后头至后颈羽毛尖长，羽基暗赤褐色，羽端金黄色，具黑褐色羽干纹。上体暗褐色，肩部较淡，背肩部微缀紫色光泽；尾上覆羽淡褐色，尖端近黑褐色，尾羽灰褐色；翅上覆羽暗赤褐色。颏、喉和前颈黑褐色；胸、腹亦为黑褐色。幼鸟和成鸟大致相似，但体色更暗，第一年幼鸟尾羽白色，具宽的黑色端斑，飞羽内翈基部白色；第二年以后，尾部白色和翼下白斑均逐渐减少，尾下覆羽亦由棕褐色变为赤褐色再到暗赤褐色。国家一级重点保护野生动物。

生活习性：通常单独或成对活动。它捕食的猎物有数十种之多，有时也吃鼠类等小型兽类。

地理分布：甘肃太子山国家级自然保护区有分布。

褐耳鹰

Accipiter badius

　　形态特征：头部灰白色，颊部灰色而缀有棕色，雄鸟上体浅蓝灰色与黑色的初级飞羽成对比，喉白并具浅灰色纵纹，胸及腹部具棕色及白色细横纹。后颈有一条红褐色的领圈。喉部白色，具有灰色的中央纹，其余下体具有淡红褐色和白色横斑；4枚中央尾羽为淡灰色。飞行时从上面看，黑色的初级飞羽与淡色的翅膀和体羽形成鲜明的对照。从下面看淡红褐色的下体与白色的喉和黑色的翅尖也很醒目。雌鸟似雄鸟，但背褐色，喉灰色较浓。国家二级重点保护野生动物。

　　生活习性：在林缘和农田边缘上面的低空中飞行，发现地面上的猎物后马上俯冲下来捕食。主要以昆虫等动物性食物为食。

　　地理分布：甘肃太子山国家级自然保护区有分布。

雀鹰

Accipiter nisus

形态特征：雄鸟上体鼠灰色或暗灰色，头顶、枕和后颈较暗，前额微缀棕色，后颈羽基白色；尾羽灰褐色；翅上覆羽暗灰色，眼先灰色，头侧和脸棕色。下体白色，胸、腹和两胁具红褐色；尾下覆羽亦为白色，翅下覆羽和腋羽白色或乳白色。雌鸟体型较雄鸟为大。上体灰褐色，前额乳白色或缀有淡棕黄色，尾上覆羽通常具白色羽尖，尾羽和飞羽暗褐色，头侧和脸乳白色，其余似雄鸟。幼鸟头顶至后颈栗褐色，枕和后颈羽基灰白色，翅和尾似雌鸟，其余似成鸟。国家二级重点保护野生动物。

生活习性：或飞翔于空中，或栖于树上和电杆上。雀鹰主要以鸟、昆虫和鼠类等为食。

地理分布：甘肃太子山国家级自然保护区有分布。

苍鹰

Accipiter gentiles

形态特征：成鸟前额、头顶、枕和头侧黑褐色，颈部羽基白色；眉纹白而具黑色羽干纹；耳羽黑色；上体到尾灰褐色；飞羽有暗褐色横斑。尾灰褐色。喉部有黑褐色细纹及暗褐色斑。胸、腹、两胁和覆腿羽布满较细的横纹，羽干黑褐色。雌鸟羽色与雄鸟相似，但较暗，体型较大。眉纹不明显；耳羽褐色；腹部淡黄褐色。幼鸟上体褐色，羽缘淡黄褐色；飞羽褐色，具暗褐横斑和污白色羽端；头侧、颊、喉、下体棕白色，尾羽灰褐色。国家二级重点保护野生动物。

生活习性：苍鹰是森林中肉食性猛禽。视觉敏锐，善于飞翔。捕食的特点是猛、准、狠、快，具有较大的杀伤力。

地理分布：甘肃太子山国家级自然保护区广泛分布。

黑鸢

Milvus migrans

　　形态特征：中等体型（55cm）的深褐色猛禽。前额基部和眼先灰白色，耳羽黑褐色，头顶至后颈棕褐色，具黑褐色羽干纹。上体暗褐色，微具紫色光泽和不甚明显的暗色细横纹和淡色端缘，尾棕褐色，呈浅叉状，其上具有宽度相等的黑色和褐色横带呈相间排列，尾端具淡棕白色羽缘。翅上中覆羽和小覆羽淡褐色，具黑褐色羽干纹；初级覆羽和大覆羽黑褐色，初级飞羽黑褐色，外侧飞羽内翈基部白色，形成翼下一大型白色斑；飞翔时极为醒目。次级飞羽暗褐色，具不甚明显的暗色横斑。下体颏、颊和喉灰白色，具细的暗褐色羽干纹；胸、腹及两胁暗棕褐色，具粗著的黑褐色羽干纹，下腹至肛部羽毛稍浅淡，呈棕黄色，几无羽干纹，或羽干纹较细，尾下覆羽灰褐色，翅上覆羽棕褐色。亚成鸟的头部及下体具皮黄色纵纹。虹膜位棕色；嘴为灰色；蜡膜为黄色；脚为黄色。国家二级重点保护野生动物。

　　生活习性：栖息于开阔平原、草地、荒原和低山丘陵地带，白天活动，常单独在高空飞翔，秋季有时亦呈 2~3 只的小群。主要以小鸟、鼠类、蛇、蛙、鱼、野兔、蜥蜴和昆虫等动物性食物为食，偶尔也吃家禽和腐尸。

　　地理分布：甘肃太子山国家级自然保护区有分布。

毛脚鵟

Buteo lagopus

　　形态特征：中型猛禽，前额、头顶直到后枕均为乳白色或白色，缀黑褐色羽干纹。上体呈褐色或暗褐色，羽缘淡色，翅上覆羽褐色沾棕具棕白色羽缘。外侧5枚中级飞羽端部淡褐色，基部白色，其余飞羽灰褐色。具暗褐色横斑，腰暗褐色；下背和肩部常缀近白色的不规则横带。尾部覆羽常有白色横斑，圆而不分叉。尾羽洁白，末端具有黑褐色宽斑。翼角具黑斑，头色浅。雌鸟及幼鸟的浅色头与深色胸成对比。幼鸟飞行时翼下黑色后缘较少。国家二级重点保护野生动物。

　　生活习性：迁徙性鸟类。多在开阔的原野和农田地上空翱翔。主要以田鼠等小型啮齿类动物和小型鸟类为食。

　　地理分布：甘肃太子山国家级自然保护区有分布。

普通鵟

Buteo japonicus

形态特征：中型猛禽，上体深红褐色；脸侧皮黄具近红色细纹，栗色的髭纹显著；下体主要为暗褐色或淡褐色，具深棕色横斑或纵纹，尾羽为淡灰褐色，具有多道暗色横斑，飞翔时两翼宽阔，在初级飞羽的基部有明显的白斑，翼下为肉色，仅翼尖、翼角和飞羽的外缘为黑色（淡色型）或者全为黑褐色（暗色型），尾羽呈扇形散开。在高空翱翔时两翼略呈"V"形。另外，它的鼻孔的位置与嘴裂平行，而其他鵟类的鼻孔则与嘴裂呈斜角。国家二级重点保护野生动物。

生活习性：常见在开阔平原、荒漠、旷野、林缘草地和村庄上空盘旋翱翔。以森林鼠类为食，食量甚大。

地理分布：甘肃太子山国家级自然保护区有分布。

佛法僧目 CORACIIFORMES

翠鸟科 Alcedinidae

普通翠鸟
Alcedo atthis

　　形态特征：雄鸟前额、头顶、枕和后颈黑绿色，密被翠蓝色细窄横斑。眼先和贯眼纹黑褐色。前额侧部、颊、眼后和耳覆羽栗棕红色，耳后有一白色斑。髭纹翠蓝绿黑色，背至尾上覆羽辉翠蓝色。尾短小，表面暗蓝绿色，下面黑褐色。肩蓝绿色，外翈边缘呈暗蓝色。翅上覆羽亦为暗蓝色，并具翠蓝色斑纹，两翅折合时表面为蓝绿色。颏、喉白色，胸灰棕色，腹至尾下覆羽红棕色或棕栗色，腹中央有时较浅淡。雌鸟上体羽色较雄鸟稍淡，多蓝色，少绿色。头顶不为绿褐色而呈灰蓝色。胸、腹棕红色，但较雄鸟为淡，且胸无灰色。幼鸟羽色较苍淡，上体较少蓝色光泽，下体羽色较淡，沾较多褐色，腹中央污白色。虹膜土褐色，嘴黑色，脚和趾朱红色，爪黑色。

　　生活习性：栖息于有灌丛或疏林水清澈而缓流的小河、溪涧、湖泊以及灌溉渠等水域。留鸟，常单独活动。食物以小鱼为主，兼吃甲壳类和多种水生昆虫及其幼虫。

　　地理分布：甘肃太子山国家级自然保护区有分布。

鸮形目 STRIGIFORMES

鸱鸮科 Strigidae

领角鸮
Otus lettia

形态特征：上体呈斑驳浅黄褐色，有斑点和雀斑，带有黑色和浅黄色，以及浅灰黄色或棕褐黄色。肩胛处有淡黄色的羽毛，在翅膀上形成一条模糊的条纹。后颈上有两个浅色的领子。下体呈浅棕色，带有小箭头状轴状条纹。该物种的脚趾基部有羽毛，呈肉灰色至暗橄榄色，带有黄白色的脚垫。爪子的颜色与脚趾相同。雌性通常比雄性更大更重。面部圆盘呈暗黄色，带有一些暗淡的同心圆斑。虹膜为深棕色至橙棕色。喙呈角质状绿色。国家二级重点保护野生动物。

生活习性：夜行动物。白天栖息在茂密的枝条上。主要以甲虫、蚱蜢和其他昆虫为食，但也会吃蜥蜴、老鼠和小鸟。

地理分布：甘肃太子山国家级自然保护区有分布。

雕鸮

Bubo bubo

形态特征：面盘显著，淡棕黄色，杂以褐色细斑；眼先和眼前缘密被白色刚毛状羽，各羽均具黑色端斑；眼的上方有一大形黑斑，面盘余部淡棕白色或栗棕色，满杂以褐色细斑。皱领黑褐色，两翈羽缘棕色，头顶黑褐色，羽缘棕白色，并杂以黑色波状细斑；耳羽特别发达，显著突出于头顶两侧，长达55～97mm，其外侧黑色，内侧棕色。后颈和上背棕色，各羽具粗著的黑褐色羽干纹，端部两翈缀以黑褐色细斑点；肩、下背和翅上覆羽棕色至灰棕色，杂以黑色和黑褐色斑纹或横斑，并具粗阔的黑色羽干纹；羽端大都呈黑褐色块斑状。腰及尾上覆羽棕色至灰棕色，具黑褐色波状细斑；中央尾羽暗褐色，具6道不规整的棕色横斑；外侧尾羽棕色，具暗褐色横斑和黑褐色斑点；飞羽棕色，具宽阔的黑褐色横斑和褐色斑点。颏白色，喉除皱领外亦白，胸棕色，具粗著的黑褐色羽干纹，两翈具黑褐色波状细斑，上腹和两胁的羽干纹变细，但两翈黑褐色波状横斑增多而显著。下腹中央几纯棕白色，覆腿羽和尾下覆羽微杂褐色细横斑；腋羽白色或棕色，具褐色横斑。 虹膜金黄色，嘴和爪铅灰黑色。国家二级重点保护野生动物。

生活习性：栖息于山地森林、平原、荒野、林缘灌丛、疏林，以及裸露的高山和峭壁等各类环境中。夜行性，听觉和视觉在夜间异常敏锐。白天多躲藏在密林中栖息，飞行慢而无声，通常贴地低空飞行。被誉为"捕鼠专家"，以各种鼠类为主要食物，也吃兔类、昆虫、蛙、雉鸡以及其他鸟类，有时甚至会捕食有蹄类动物。

地理分布：甘肃太子山国家级自然保护区有分布。

四川林鸮

Strix davidi

形态特征：体大的灰褐色鸮类。无耳羽簇，面庞灰色，眼褐色。看似一只体大的灰林鸮，但下体纵纹较简单。极似异域分布的长尾林鸮，但体羽颜色上有差异，通常颜色更深。虹膜褐色；嘴黄色；脚被羽，具灰色及褐色横带。叫声类同于长尾林鸮。国家一级重点保护野生动物。

生活习性：栖息于海拔2500m以上针叶林中，偶尔也出现于林缘次生林和疏林地带。多呈波浪式飞行。主要以鼠兔、甘肃仓鼠等为食，也吃一些其他鸟类。

地理分布：甘肃太子山国家级自然保护区有分布。

纵纹腹小鸮

Athene noctua

　　形态特征：体小（23cm），无耳羽簇。头顶平，眼亮黄而长凝不动。浅色平眉及白色宽髭纹使其形狰狞。上体褐色，具白纵纹及点斑。下体白色，具褐色杂斑及纵纹，肩上有两道白色或皮黄色横斑。虹膜亮黄色，嘴角质黄色，脚白色、被羽，爪黑褐色。国家二级重点保护野生动物。

　　生活习性：栖息于低山丘陵、林缘灌丛和平原森林地带，也出现在农田、荒漠和村庄附近的丛林中。在岩洞或树洞中营巢。通常夜晚出来活动。以昆虫和鼠类为食。

　　地理分布：甘肃太子山国家级自然保护区有分布。

鬼鸮

Aegolius funereus

形态特征：头大，面盘显著，白色，眼先和眉纹也是白色，眼前有一小块黑斑。但它没有耳羽簇，与长耳鸮、短耳鸮不同。上体为朱古力褐色到灰褐色。头顶密杂以白色斑点，背部和肩部有大形白斑。下体为白色，有褐色斑纹。飞羽和尾羽为暗褐色，也具有白色的斑点或横斑，尾羽亦为褐色，外缘有 5 对白斑。嘴和眼黄色。跗跖和趾被白色羽。虹膜黄色，嘴淡黄色，爪角黄色，先端黑色。国家二级重点保护野生动物。

生活习性：秋冬季常常游荡到低海拔地区的森林中，也喜欢到人家附近活动。主要以鼠类为食，也食昆虫、小鸟和蛙类等。捕食方式可以在飞行中猎食。

地理分布：甘肃太子山国家级自然保护区有分布。

犀鸟目 BUCEROTIFORMES

戴胜科 Upupidae

戴胜

Upupa epops

形态特征：头、颈、胸淡棕栗色。羽冠色略深且各羽具黑端，在后面的羽黑端前更具白斑。胸部还沾淡葡萄酒色；上背和翼上小覆羽转为棕褐色；下背和肩羽黑褐色而杂以棕白色的羽端和羽缘；上、下背间有黑色、棕白色、黑褐色三道带斑及一道不完整的白色带斑；腰白色；尾上覆羽基部白色；尾羽黑色。翼外侧黑色、向内转为黑褐色，中、大覆羽具棕白色近端横斑。腹及两胁由淡葡萄棕转为白色。虹膜褐至红褐色；嘴黑色，基部呈淡铅紫色。幼鸟上体色较苍淡，下体较呈褐色。

生活习性：常在地面上漫步行走，边走边觅食。主要以直翅目、膜翅目的昆虫和幼虫为食。

地理分布：甘肃太子山国家级自然保护区有分布。

啄木鸟目 PICIFORMES

啄木鸟科 Picidae

星头啄木鸟
Dendrocopos canicapillus

形态特征：雄鸟前额和头顶暗灰色或灰褐色，有时缀有淡棕褐色，鼻羽和眼先污灰白色，眉纹宽阔，白色，自眼后上缘向后延伸至颈侧。枕部两侧各具一红色小斑。耳覆羽淡棕褐色。枕、后颈、上背和肩黑色；下背和腰白色而具黑色横斑；尾上覆羽和中央尾羽黑色，外侧尾羽污白色或棕白色，具黑色横斑；翅上攒羽和飞羽黑色，中覆羽和大覆羽具宽阔的白色端斑。颊、喉白色或灰白色，其余下体污白色或淡棕白色和淡棕黄色。雌鸟和雄鸟相似，但枕侧无红色。

生活习性：多在树中上部活动和取食，偶尔也到地面倒木和树桩上取食。主要以天牛、小蠹虫以及其他鞘翅目昆虫为食。

地理分布：甘肃太子山国家级自然保护区有分布。

大斑啄木鸟

Dendrocopos major

【雄鸟】

形态特征：雄鸟额棕白色，眼先、眉、颊和耳羽白色，头顶黑色而具蓝色光泽，枕具一辉红色斑。后颈及颈两侧白色。肩白色，背辉黑色，腰黑褐色而具白色端斑；两翅黑色。中央尾羽黑褐色，外侧尾羽白色并具黑色横斑。颧纹宽阔呈黑色。颏、喉、前颈至胸以及两胁污白色，下腹中央至尾下覆羽辉红色。幼鸟整个头顶暗红色，枕、后颈、背、腰、尾上覆羽和两翅黑褐色，较成鸟浅淡。前颈、胸、两胁和上腹棕白色。

生活习性：多在树干和粗枝上觅食。主要以甲虫、小蠹虫、蝗虫等各种昆虫、昆虫幼虫为食。

地理分布：甘肃太子山国家级自然保护区广泛分布。

【雌鸟】

　　形态特征：雌鸟头顶、枕至后颈辉黑色而具蓝色光泽，耳羽棕白色。其余似雄鸟。

赤胸啄木鸟

Dryobates cathpharius

形态特征：雄鸟上体黑色；前额污白色或淡茶黄色；脸、眼先棕白色或污白色，耳覆羽、颈侧污白色、棕褐色或茶黄色，羽端缀有红色，尤以耳覆羽较著，与深红色的枕冠相连成一体。头顶后部和枕亦为深红色，头顶余部和上体同为黑色。两翅黑褐色。翅内侧大覆羽和中覆羽具宽阔的白色端斑或全为白色。尾羽黑色。颏、喉污白色或暗茶黄色。胸侧、两胁和腹皮黄色或暗茶黄色，密被黑色纵纹；尾下覆羽红色。雌鸟和雄鸟相似，但头顶后部和枕为黑色而不为红色，耳覆羽具红色羽缘。

生活习性：除繁殖期成对外，平常多单独活动。主要以各种昆虫为食。

地理分布：甘肃太子山国家级自然保护区有分布。

灰头绿啄木鸟

Picus canus

【雄鸟】

形态特征：雄鸟额基灰色杂有黑色，额、头顶朱红色，头顶后部、枕和后颈灰色或暗灰色、杂以黑色羽干纹，眼先黑色，眉纹灰白色，耳羽、颈侧灰色。背和翅上覆羽橄榄绿色，腰及尾上覆羽绿黄色。中央尾羽橄榄褐色。下体颏、喉和前颈灰白色，胸、腹和两胁灰绿色，尾下覆羽亦为灰绿色。雄性幼鸟嘴基灰褐色，额红色，呈近圆形斑并具橙黄色羽缘。头顶暗灰绿色具淡黑色羽轴点斑，头侧至后颈暗灰色。其余同成鸟。

生活习性：常在树干的中下部取食，也常在地面取食。主要以蚂蚁、小蠹虫、膜翅目等昆虫为食。

地理分布：甘肃太子山国家级自然保护区有分布。

【雌鸟】

形态特征：雌鸟额至头顶暗灰色，具黑色羽干纹和端斑。其余同雄鸟。

隼形目 FALCONIFORMES

隼科 Falconidae

黄爪隼
Falco naumanni

　　形态特征：雄鸟头灰色，上体赤褐而无斑纹，腰及尾蓝灰。下体淡棕色，颏及臀白。胸具稀疏黑点。尾近端处有黑色横带，端白。雌鸟红褐色较重，上体具横斑及点斑，下体具深色纵纹。前额污白色。虹膜为褐色；嘴为灰色，端黑，蜡膜黄色；脚为黄色。幼鸟和雌鸟相似，但上体纵纹和横斑粗著，腰和尾上覆羽淡棕色；中央尾羽蓝灰色，仅具宽阔的黑色次端斑；外侧尾羽棕色，具黑褐色横斑。国家二级重点保护野生动物。

　　生活习性：栖息于开阔的荒山旷野、草地、林缘、河谷等地带；常在空中飞行，并频繁地进行滑翔。主要以大型昆虫、小型啮齿动物、鸟类为食。

　　地理分布：甘肃太子山国家级自然保护区有分布。

红隼

Falco tinnunculus

【雄鸟】

形态特征：雄鸟头顶、头侧、后颈、颈侧蓝灰色，具纤细的黑色羽干纹；前额、眼先和细窄的眉纹棕白色。背、肩和翅上覆羽砖红色；腰和尾上覆羽蓝灰色。尾蓝灰色；翅初级覆羽和飞羽黑褐色；胸、腹和两胁棕黄色或乳黄色，胸和上腹缀黑褐色细纵纹，下腹和两胁具黑褐色矢状或滴状斑。雌鸟上体棕红色，头顶至后颈以及颈侧具粗著的黑褐色羽干纹；背到尾上覆羽具粗著的黑褐色横斑；尾亦为棕红色；翅上覆羽与背同为棕黄色；脸颊部和眼下口角髭纹黑褐色。国家二级重点保护野生动物。

生活习性：栖息时多栖于空旷地区孤立的高树梢上或电线杆上，见地面有食物时便迅速俯冲捕捉。

地理分布：甘肃太子山国家级自然保护区有分布。

【雌鸟】

形态特征：雌鸟上体棕红色，头顶至后颈以及颈侧具粗著的黑褐色羽干纹；背到尾上覆羽具粗著的黑褐色横斑；尾亦为棕红色；翅上覆羽与背同为棕黄色；脸颊部和眼下口角髭纹黑褐色。

猎隼

Falco cherrug

形态特征：前额和眉纹白色，头顶、颈侧和后颈乳白色，微沾淡棕色，具黑褐色斑纹。其余上体暗褐色，具黑褐色纵纹和有规律的桂皮黄色或棕黄色横斑和羽端，腰上、尾上覆羽稍淡；尾羽暗褐色具棕黄色横斑，翅上覆羽暗褐色，大覆羽和内侧中覆羽具棕黄色横斑。下体白色，微缀皮黄色；尾下覆羽亦为乳白色。幼鸟和成鸟相似，但头顶纵纹较粗，乳白色羽缘狭窄。上体亦较暗，仅具淡色羽缘。翼下覆羽和腋羽乳白色。国家一级重点保护野生动物。

生活习性：在飞行中狩猎，总是利用出其不意的效果在飞行中进行捕食。主要的两个食物来源：一是啮齿动物；另外则是鸟类。

地理分布：甘肃太子山国家级自然保护区有分布。

游隼

Falco peregrinus

形态特征：中型猛禽，头顶和后颈暗石板蓝灰色到黑色，有的缀有棕色；背、肩蓝灰色，具黑褐色羽干纹和横斑，腰和尾上覆羽亦为蓝灰色；尾暗蓝灰色；翅上覆羽淡蓝灰色；飞羽黑褐色；脸颊部和宽阔而下垂的髭纹黑褐色。喉和髭纹前后白色，其余下体白色或皮黄白色，上胸和颈侧具细的黑褐色羽干纹，具密集的黑褐色横斑。幼鸟上体暗褐色或灰褐色，具皮黄色或棕色羽缘。下体淡黄褐色或皮黄白色，具粗著的黑褐色纵纹。尾蓝灰色，具肉桂色或棕色横斑。国家一级重点保护野生动物。

生活习性：多单独活动，叫声尖锐。主要捕食野鸭、鸥、鸠鸽类、乌鸦和鸡类等中小型鸟类。

地理分布：甘肃太子山国家级自然保护区有分布。

雀形目 PASSERIFORMES

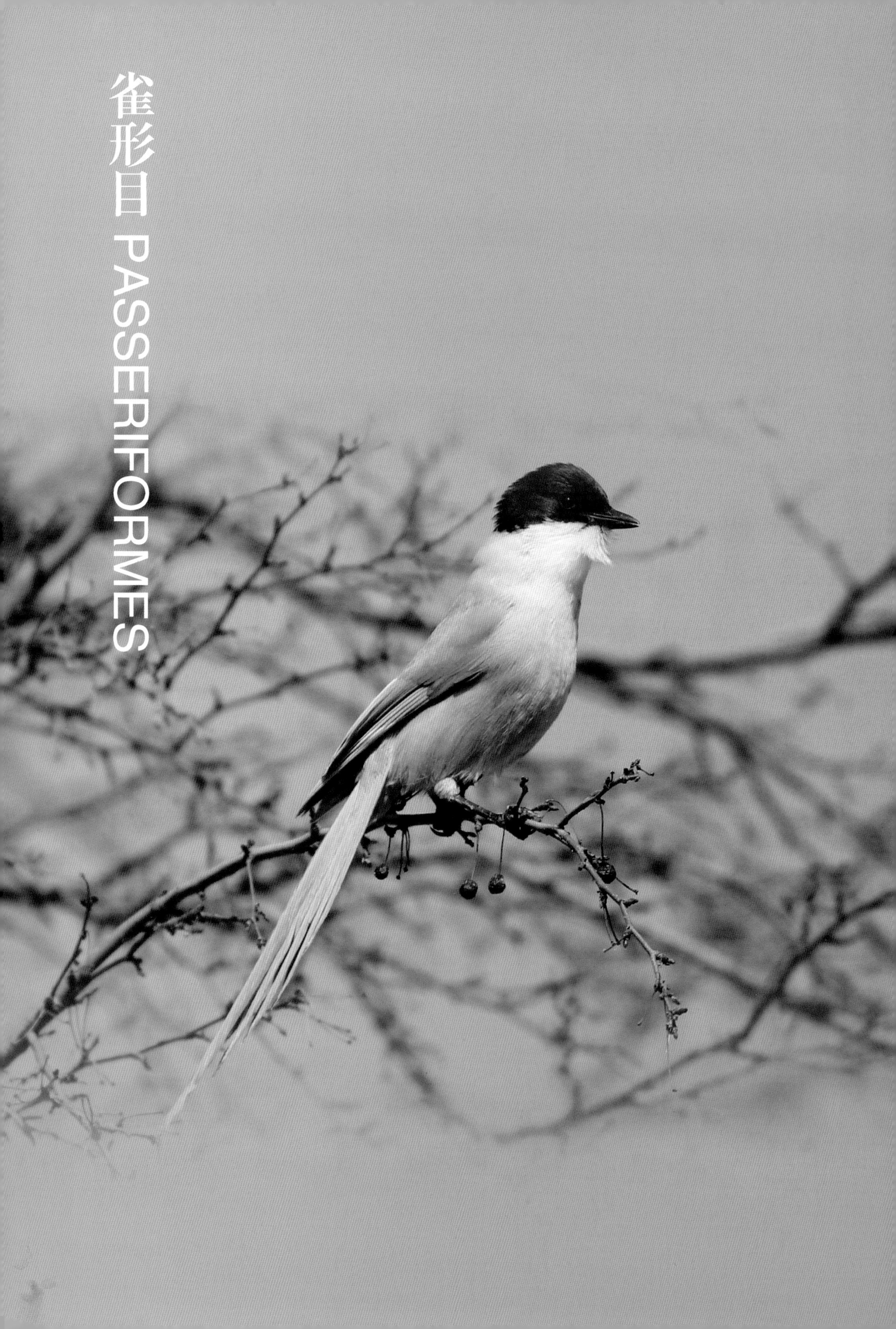

山椒鸟科 Campephagidae

长尾山椒鸟
Pericrocotus ethologus
【雄鸟】

形态特征：小型鸟类。雄鸟头和上背亮黑色，下背至尾上覆羽以及自胸起的整个下体赤红色。两翅和尾黑色，翅上具红色翼斑，第一枚初级飞羽外缘粉红色，内侧 2 ~ 4 枚飞羽具红色羽缘，其余飞羽中段及大覆羽先端红色。尾具红色端斑，最外侧一对尾羽几全为红色。

生活习性：在开阔的高大树木及常绿林的树冠上空盘旋降落。觅食亦在树上，很少下到地上或低矮的灌丛中觅食，偶尔在空中捕捉昆虫。

地理分布：甘肃太子山国家级自然保护区有分布。

【雌鸟】

　　形态特征：雌鸟前额黄色，头顶至后颈暗褐灰色，背灰橄榄绿或灰黄绿色，腰和尾上覆羽鲜绿黄色。两翅和尾同雄鸟，但其上的红色被黄色替代。颊、耳羽灰色，颔灰白或黄白色，其余下体黄色。

伯劳科 Laniidae

牛头伯劳

Lanius bucephalus

形态特征：雄鸟额、头顶及枕部栗红色；背、腰及尾上覆羽灰褐色。眼先、眼周、颊和耳羽黑色，形成粗著的贯眼纹，该纹上缘镶有灰白色细纹。颏、喉和下颊白色。胸、腹以及两胁淡棕色。冬羽具黑褐色鳞纹。腹部中央灰白色。尾下覆羽纯棕色。飞羽黑褐色。羽缘棕色，外侧飞羽基部白色，形成明显的白色翅斑。翅上覆羽暗褐色，大覆羽具棕色羽缘。中央尾羽暗褐色。雌鸟头顶颜色与雄体相似，贯眼纹为栗褐色，不完整。眼先灰白色。背、腰棕褐色。下体密布黑褐色鳞纹。

生活习性：常在林缘或路边灌丛中，有时静静地站在电线或电杆上注视着四周。主要以昆虫为食，如甲虫、蟋蟀等。

地理分布：甘肃太子山国家级自然保护区有分布。

灰背伯劳

Lanius tephronotus

　　形态特征：中型鸟类。雄性成鸟额基、眼先、眼周至耳羽黑色；头顶至下背暗灰；腰羽灰色染以锈棕，至尾上覆羽转为锈棕色；中央尾羽近黑，有淡棕端；外侧尾羽暗褐；肩羽与背同色；翅覆羽及飞羽深黑褐色。额、喉白色，颈侧略染锈色。雌性成鸟羽色似雄性但额基黑羽较窄，眼上略有白纹，头顶灰羽染浅棕，尾上覆羽可见细疏黑褐色鳞纹；肩羽染棕。幼鸟不具黑前额；额、头顶至背羽为灰色染褐；腰、尾上覆羽满布黑褐色鳞纹；眼上有细白眉；眼先、过眼至耳羽黑色染褐；翅羽及飞羽褐色。

　　生活习性：常栖息在树梢的干枝或电线上，俯视四周以抓捕猎物。以昆虫为主食。

　　地理分布：甘肃太子山国家级自然保护区有分布。

楔尾伯劳

Lanius sphenocercus

形态特征：雄鸟额基白色，向后延伸为白色眉纹。额、头顶、枕、后颈、背直至尾上覆羽淡灰色。眼先、眼周和耳羽黑色，形成一条较宽的贯眼纹。贯眼纹上缘即为白色眉纹。颊、颈侧、颏、喉直至整个下体白色。肩羽与背同色。翼上覆羽黑色，初级覆羽具白色羽端和羽缘。尾凸形，中央 2 对尾羽黑色。其余尾羽基部黑色，端部白色，越往外者白色区域越大，至最外 3 枚尾羽呈白色，羽轴黑色。雌体羽色似雄体，但黑羽染褐。幼鸟上体略沾淡褐，下体灰白色，微具暗褐色鳞纹。

生活习性：站在高的树冠顶枝上守候，伺机捕猎附近出现的猎物。食物主要为蝗虫、甲虫等昆虫和幼虫。

地理分布：甘肃太子山国家级自然保护区有分布。

鸦科 Corvidae

松鸦

Garrulus glandarius

形态特征：前额、头顶、枕、头侧、后颈、颈侧红褐色或棕褐色，头顶至后颈具黑色纵纹，前额基部和覆嘴羽尖端黑色。背、肩、腰灰色沾棕，尤以上背和肩较为棕褐或红褐。尾上覆羽白色，尾黑色微具蓝色光泽，最外侧一对尾羽和尾羽基部羽色较浅淡呈浅褐色。小覆羽栗色，中覆羽基部深褐色，先端栗色具黑褐色纵纹，大覆羽、初级覆羽和次级飞羽外翈基部具黑、白、蓝三色相间横斑，极为醒目。次级飞羽余部黑色，外翈靠基部一半白色，形成明显的白色翅斑，初级飞羽黑褐色，外翈灰白色，内侧三级飞羽内翈暗栗色，端部绒黑色。下嘴基部有一卵圆形黑斑，向后延伸至颈侧。颏、喉灰白色，胸、腹、两胁葡萄红色或淡棕褐色，肛周和尾下覆羽灰白色至白色。虹膜浅褐色，嘴灰色，脚肉棕色。

生活习性：常年栖息在针叶林、针阔叶混交林、阔叶林等森林中，有时也到林缘疏林和天然次生林内，很少见于平原耕地。留鸟。食性较杂，主要以昆虫和昆虫幼虫为食，也吃蜘蛛、鸟卵、雏鸟等其他动物。

地理分布：甘肃太子山国家级自然保护区有分布。

灰喜鹊

Cyanopica cyanus

形态特征：前额到颈项和颊部黑色闪淡蓝或淡紫蓝色光辉；喉白，向颈侧和向下到胸和腹部的羽色逐渐由淡黄白转为淡灰色。翅淡天蓝色；尾羽淡天蓝色。幼鸟体色大多数是较暗和较褐而且有较淡的羽缘。头顶暗黑淡牛皮黄色的羽缘致使头顶具鱼鳞状斑；翅上覆羽和最内侧次级飞羽淡灰褐到淡褐蓝色且具显著的淡黄端斑。虹膜暗褐到淡褐黑；嘴、跗跖和趾黑色。

生活习性：除繁殖期成对活动外，其他季节多成小群活动。秋冬季节多活动在半山区和山麓地区的林缘疏林、次生林和人工林中。灰喜鹊为杂食性鸟类，但以动物性食物为主，兼食一些乔灌木的果实及种子。

地理分布：甘肃太子山国家级自然保护区有分布。

红嘴蓝鹊

Urocissa erythroryncha

形态特征：一种体态优美的大型鸦科鸟类，体长54~68cm，头、颈、胸部暗黑色，头顶羽尖缀白，犹似戴上一个灰色帽盔；枕、颈部羽端白色；背、肩及腰部羽色为紫灰色；翅羽以暗紫色为主并衬以紫蓝色；中央尾羽紫蓝色，末端有一宽阔的带状白斑；其余尾羽均为紫蓝色，末端具有黑白相间的带状斑；中央尾羽甚长，外侧尾羽依次渐短，因而构成梯状；下体为极淡的蓝灰色，有时近于灰白色。雌雄鸟体表羽色近似。虹膜橘红色，嘴壳朱红色，足趾红橙色。

生活习性：主要栖息于山区常绿阔叶林、针叶林、针阔叶混交林和次生林等各种不同类型的森林中，分布海拔可至3500m左右。性喜群栖，经常成对或成3~5只或10余只的小群活动。性活泼而嘈杂，常在枝间跳上跳下或在树间飞来飞去，飞翔时多呈滑翔姿势。主要以昆虫等动物性食物为食，也吃植物果实、种子和玉米、小麦等农作物，食性较杂。

地理分布：甘肃太子山国家级自然保护区紫沟保护站有分布。

喜鹊

Pica pica

形态特征：雄性成鸟头、颈、背和尾上覆羽辉黑色，后头及后颈稍沾紫，背部稍沾蓝绿色；肩羽纯白色；腰灰色和白色相杂状。翅黑色。尾羽黑色，具深绿色光泽，末端具紫红色和深蓝绿色宽带。颏、喉和胸黑色，喉部羽有时具白色轴纹；上腹和胁纯白色；下腹和覆腿羽污黑色。雌性成鸟与雄鸟体色基本相似，但光泽不如雄鸟显著，下体黑色有呈乌黑或乌褐色。幼鸟形态似雌鸟但体黑色部分呈褐色或黑褐色。

生活习性：喜鹊除繁殖期间成对活动外，常成小群活动，秋冬季节常集成数十只的大群。食性较杂，夏季主要以昆虫等动物性食物为食，其他季节则主要以植物果实和种子为食。

地理分布：甘肃太子山国家级自然保护区有分布。

星鸦

Nucifraga caryocatactes

形态特征：体羽大都咖啡褐色，具白色斑；飞翔时黑翅。鼻羽污白具不显著暗褐色基部、暗褐羽缘；眼先区为污白或乳白色；额前部为很暗的咖啡褐色到淡黑褐，下腰到尾上覆羽淡褐黑色；尾下覆羽白色；体羽的其余部分概为暗咖啡褐色，具众多的白色点斑和条纹。颊部、喉和颈部羽毛具纵长白色尖端。翅黑具稍淡蓝灰或淡绿闪光，尾羽亮黑。翅下覆羽淡黑、尖端白。幼鸟体羽较淡，在成鸟为白色点斑和条纹的相应位置全为淡棕色代替，并分布至头部。

生活习性：星鸦单独或成对活动，偶成小群。栖于松林，以松子为食。也埋藏其他坚果以备冬季食用。

地理分布：甘肃太子山国家级自然保护区有分布。

红嘴山鸦

Pyrrhocorax pyrrhocorax

形态特征：体型略小
（45cm左右）而漂亮的黑色鸦
类。嘴朱红色短而下弯，脚红
色，通体黑色具蓝色金属光泽。
雌雄羽色相似，两翅和尾纯黑
色具有蓝绿色金属光泽。虹膜
褐色或暗褐色，嘴和脚朱红色。

生活习性：留鸟，主要栖
息于开阔的底山丘陵和山地，
最高海拔高度可至4500m。地
栖性，常成对或成小群在地上
活动和觅食，也喜欢成群在山
头上空和山谷间飞翔。主要以
昆虫为食，也吃植物果实、嫩
芽等植物性食物。

地理分布：甘肃太子山国
家级自然保护区有分布。

秃鼻乌鸦

Corvus frugilegus

　　形态特征：雌雄相似。
通体辉黑色，额裸露，嘴长
直而尖、黑色，基部裸露、
覆以灰白色皮膜。背、肩、腰、
翼上覆羽和内侧飞羽在内的
上体均具铜绿色金属光泽。
下体乌黑色或黑褐色。喉部
羽毛呈披针形，具有强烈的
绿蓝色或暗蓝色金属光泽。
其余下体黑色具紫蓝色或蓝
绿色光泽。喙粗且厚，上喙
前缘与前额几成直角。幼鸟
和成鸟相似，但通体暗黑色
无光泽，额与嘴基不裸露，
鼻孔被覆有刚毛。

　　生活习性：在高树上筑
成大群鸟巢，草地或耕地里
挖掘蛴螬和蠕虫，有时会刨
出马铃薯和谷物种子，杂食
性鸟类。

　　地理分布：甘肃太子山
国家级自然保护区有分布。

小嘴乌鸦

Corvus corone

形态特征：雌雄羽色相似，额头特别突出。全身羽毛黑色，通体黑色具紫蓝色金属光泽，头顶羽毛窄而尖，喉部羽毛呈披针形，下体羽色较上体稍淡。除头顶、枕、后颈和颈侧光泽较弱外，其他包括背、肩、腰、翼上覆羽和内侧飞羽在内的上体均具紫蓝色金属光泽。初级覆羽、初级飞羽和尾羽具暗蓝绿色光泽。飞羽和尾羽具蓝绿色金属光泽。下体乌黑色或黑褐色。喉部羽毛呈披针形，具有强烈的绿蓝色或暗蓝色金属光泽。其余下体黑色具紫蓝色或蓝绿色光泽，但明显较上体弱。

生活习性：常在河流、农田、耕地、湖泊、沼泽和村庄附近活动，取食于矮草地及农耕地，属杂食性鸟类。

地理分布：甘肃太子山国家级自然保护区有分布。

大嘴乌鸦

Corvus macrorhynchos

　　形态特征：是雀形目鸟类中体型最大的几个物种之一，成年的大嘴乌鸦体长可达50cm左右。雌雄相似。全身羽毛黑色，除头顶、枕、后颈和颈侧光泽较弱外，其他包括背、肩、腰、翼上覆羽和内侧飞羽在内的上体均具紫蓝色金属光泽。下体乌黑色或黑褐色。喉部羽毛呈披针形。喙粗且厚，上喙前缘与前额几成直角。额头特别突出。

　　生活习性：多在树上或地上栖息，也栖于电杆上和屋脊上。性机警，早晨和下午较为活跃，喜欢在林间路旁、河谷、海岸、农田、沼泽和草地上活动，有时甚至出现于山顶灌丛和高山苔原地带。大嘴乌鸦主要以昆虫、昆虫幼虫和蛹为食。

　　地理分布：甘肃太子山国家级自然保护区有分布。

山雀科 Paridae

黑冠山雀

Periparus rubidiventris

  形态特征：雌雄羽色相似。额、头顶、眼先、枕和后颈亮黑色，后颈有一大块白斑，颊、耳羽和颈侧淡黄白色，在头侧亦形成大块白斑。背、肩、腰和尾上覆羽暗蓝灰色，尾暗褐色，羽缘蓝灰色，两翅覆羽暗褐色，羽缘蓝灰色；飞羽暗褐色，外翈羽缘亦为蓝灰色。颏、喉和上胸黑色，下胸、腹和两胁橄榄灰色，尾下覆羽和腋羽棕色。幼鸟和成鸟相似，但羽冠不明显或没有羽冠。头顶和背渲染褐色，耳羽较黄，喉至上胸灰黑色，腹淡灰而沾黄色。虹膜暗褐色，嘴黑色，脚铅褐色。

  生活习性：繁殖期间常单独或成对活动。主要以鞘翅目和膜翅目等昆虫为食，也吃部分植物性食物。

  地理分布：甘肃太子山国家级自然保护区有分布。

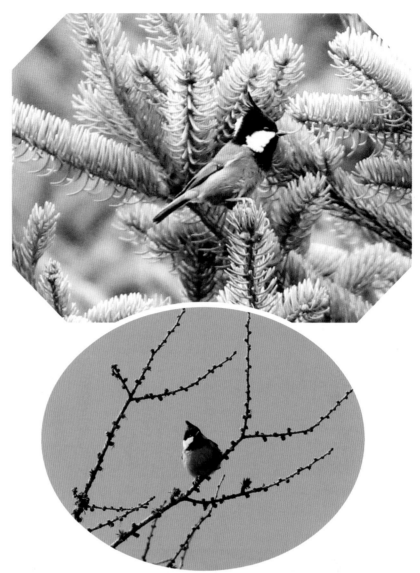

煤山雀

Periparus ater

　　形态特征：雌雄羽色基本相似。雄鸟夏羽额、眼先、头顶、羽冠、枕一直到后颈黑色具蓝色金属光泽；颊、耳羽和颈白色，在头侧形成一大块白斑，后颈中央亦有一块大型白斑。背蓝灰色，腰和尾上覆羽沾棕褐色，尾羽黑褐色，翅上覆羽黑褐色，中覆羽和大覆羽先端白色，大翅上形成两道明显的白色翅斑。飞羽褐色。颏喉和前胸黑色，胸污白色，其余下体乳白色或棕白色，腋羽和翅下覆羽白色。雄鸟冬羽和夏羽相似，但上背灰色稍淡，下体羽色稍深暗。雌鸟和雄鸟冬羽相似。

　　生活习性：主要以鳞翅目、双翅目、鞘翅目、半翅目、直翅目、同翅目、膜翅目等昆虫和昆虫幼虫为食。

　　地理分布：甘肃太子山国家级自然保护区有分布。

黄腹山雀

Pardaliparus venustulus

　　形态特征：体长约10cm，是中国特有鸟类，属稀有鸟类。雌雄异色，雄鸟额、眼先、头顶、枕、后颈一直到上背黑色具蓝色金属光泽，后颈具白色、有时微沾黄色的白色块斑，脸颊、耳羽和颈侧白色，在头侧形成大块白斑。下背、腰、肩亮蓝灰色，腰较浅淡，翅上覆羽黑褐色，中覆羽和大覆羽具白而微沾黄的端斑，在翅上形成两道明显的翅斑；飞羽暗褐色，除外侧两枚初级飞羽外，其余飞羽外翈羽缘灰绿色，三级飞羽先端黄白色。尾上覆羽和尾羽黑色，最外侧一对尾羽外翈近基处大部白色，其余外侧尾羽外翈中部白色。颏、喉和上胸黑色微具蓝色金属光泽，下胸和腹鲜黄色，两肋黄绿色，尾下覆羽黄色，腋羽和翅下覆羽白色有时微沾黄色。雌鸟额、眼先、头顶、枕和背灰绿色，后颈有一淡黄色斑。腰亦为灰绿色但稍淡，两翅覆羽和飞羽黑褐色，外翈羽缘绿色，中覆羽、大覆羽和三级飞羽具淡黄白色端斑。脸颊、耳羽以及颏和喉白色或灰白色，其余下体淡黄沾绿色。虹膜褐色或暗褐色，嘴蓝黑色或灰蓝黑色，脚铅灰色或灰黑色。

　　生活习性：单独、成对或结群栖于林区。多数时候在树枝间跳跃穿梭，或在树冠间飞来飞去，留鸟。食性主要以直翅目、半翅目、鳞翅目、鞘翅目等昆虫为食，也吃植物果实和种子等植物性食物。

　　地理分布：甘肃太子山国家级自然保护区有分布。

褐冠山雀

Lophophanes dichrous

形态特征：雌雄羽色相似。前额、眼先和耳覆羽皮黄色杂有灰褐色，头顶至后颈以及背、肩、腰等上体概为褐灰色和暗灰色，翅上覆羽同背；飞羽褐色，初级飞羽除最外侧两枚外，羽缘均微缀蓝灰色，其余飞羽羽缘微缀灰棕色。颏、喉、胸至尾下覆羽等整个下体淡棕色，颈侧棕白色，向后颈延伸形成半领环状。幼鸟和成鸟相似，但羽冠不明显或无羽冠，羽色较污暗。虹膜红褐色；鸟喙近黑色；脚爪蓝灰色。

生活习性：常单独或成对活动。性活泼，行动敏捷，常在枝叶间跳来跳去，也在林下灌丛和地上活动和觅食。主要以鳞翅目、双翅目、半翅目等昆虫和昆虫幼虫为食。

地理分布：甘肃太子山国家级自然保护区有分布。

沼泽山雀
Poecile palustris

形态特征：雌雄羽色相似。前额、头顶、后颈以及上背前部概呈辉黑色；自嘴基经颊、耳羽以至颈侧均为白色而沾灰。背和肩砂灰褐色，腰和尾上覆羽较背淡而微沾黄色。尾羽灰褐色，除中央一对外，均具灰白色的外缘。飞羽灰褐色，羽干黑褐，外侧羽片具灰褐色狭缘，在外侧的飞羽转为灰白色；覆羽灰褐色，初级覆羽的外侧羽片缘以淡橄榄褐色，其余覆羽均外缘以橄榄褐，但大覆羽的羽缘较淡。颏、喉黑色，下喉羽片具白色先端；胸、腹至尾下覆羽苍白色，两胁沾灰棕色。腋羽和翅下覆羽苍白。幼鸟：羽色与成鸟相似，但较苍淡，头部黑色无光泽。虹膜褐色；嘴黑色；脚铅黑色。

生活习性：主要栖息于山地针叶林和针阔叶混交林中，也出没于阔叶林、次生林和人工林，海拔高度从平原到海拔4000m左右的高山森林地带，主要以鞘翅目、鳞翅目、直翅目、膜翅目等昆虫和昆虫的幼虫为食，其他食物有蜘蛛等无脊椎动物和植物果实、种子及植物嫩芽。

地理分布：甘肃太子山国家级自然保护区有分布。

川褐头山雀

Poecile weigoldicus

形态特征：雌雄羽色相似。各亚种羽色变化较大：东北亚种的额、头顶至后颈黑色沾褐，眼先、颊、耳羽和颈侧白色。背、肩、腰和尾上覆羽灰色或褐灰色。尾褐色，除中央一对尾羽外，其余尾羽外翈具灰白色羽缘，羽干黑褐色，飞羽褐色，初级飞羽外翈羽缘深灰色，次级飞羽外翈羽缘灰白色，先端白色，覆羽褐色，外侧羽片具较宽的赭褐色羽缘；颏、喉污黑色，胸、腹和下尾羽淡棕褐色，腹部中央色较淡，腋羽乳黄沾棕。其余下体白色。

生活习性：常活动在树冠层中下部，群较松散。主要以鞘翅目、鳞翅目、直翅目、膜翅目等昆虫和昆虫的幼虫为食。

地理分布：甘肃太子山国家级自然保护区有分布。

远东山雀

Parus minor

形态特征：远东山雀是雀形目山雀科山雀属的鸟类。英文直译为日本山雀，也被称为东方的山雀，是从大山雀的亚种分化出来的。远东山雀仅有上背部黄绿色，下体灰白色或浅黄色，比较缺少黄色色调。它取代了类似大山雀进入日本和俄罗斯远东地区超越阿穆尔河，包括千岛群岛。研究表明两个物种共存的俄罗斯远东地区没有混合或频繁杂交。

生活习性：与大山雀相似。

地理分布：甘肃太子山国家级自然保护区有分布。

百灵科 Alaudidae

云雀
Alauda arvensis

形态特征：雌雄相似。上体大都沙棕色，各羽纵贯以宽阔的黑褐色轴纹；上背和尾上覆羽的黑褐纵纹较细，棕色因而较显著。后头羽毛稍有延长，略成羽冠状。两翅覆羽黑褐，而具棕色边缘和先端；初级和次级飞羽亦黑褐，有的羽端缀棕白色，外翈边缘缀以棕色，此棕色羽缘在内侧飞羽亦宽阔而浓著，其三级飞羽则内外羽缘此色更宽阔。中央一对尾羽黑褐，而宽缘以淡棕色，最外侧一对几乎纯白，其内翈基处具一暗褐色楔型斑，次一对尾羽的外翈白，而内翈黑褐，余羽均黑褐色，微具棕白色狭缘。眼先和眉纹棕白；颊和耳羽均淡棕，而杂以细长的黑纹；颧区微具褐纹。胸棕白，密布黑褐色粗纹；下体余部纯白，两胁微有棕色渲染，有时还具褐纹。幼鸟：羽色与成鸟相似，但上体黑色和棕色均较鲜浓，下体的黑褐色斑纹亦较多而密。虹膜暗褐；嘴角褐色；嘴缘和下嘴基部淡角色；脚肉褐色，后爪较后趾长而稍直。国家二级重点保护野生动物。

生活习性：栖息于非常开阔的草地环境，经常成群迁徙，鸟群通常不超过 10 只个体，一般会分成更小的鸟群。在地上觅食，吃种子和昆虫的杂食动物。吃杂草种子和废谷物，也吃无脊椎动物。

地理分布：甘肃太子山国家级自然保护区有分布。

小云雀
Alauda gulgula

形态特征：一种小型鸣禽。雌雄羽色相似。上体沙棕或棕褐色，满布黑褐色羽干纹。其中头顶和后颈黑褐色纵纹较细，棕色羽缘较宽，羽色显得较淡，背部黑色纵纹较粗著。眼先和眉纹棕白色，耳羽淡棕栗色。翅黑褐色，初级飞羽外翈具窄的淡棕色羽缘，次级飞羽外翈棕色羽缘较宽，三级飞羽外翈棕色羽缘较淡。尾羽黑褐色微具窄的棕白色羽缘，最外侧一对尾羽几纯白色，仅内翈基部有一暗褐色楔状斑，次一对外侧尾羽仅外翈白色。下体淡棕色或棕白色，胸部棕色较浓密布黑褐色羽干纹。虹膜暗褐色或褐色，嘴褐色，下嘴基部淡黄色，脚肉黄色。

生活习性：主要栖息于开阔平原、草地、低山平地、河边、沙滩、草丛、坟地、荒山坡、农田和荒地以及沿海平原。在中国主要为留鸟，在中国四川、甘肃、西藏、陕西等地为夏候鸟或冬候鸟。除繁殖期成对活动外，其他时候多成群，善奔跑，主要在地上活动，有时也停歇在灌木上。主要以植物性食物为食，也吃昆虫等动物性食物，属杂食性。

地理分布：甘肃太子山国家级自然保护区有分布。

蝗莺科 Locustellidae

斑胸短翅莺
Locustella thoracica

形态特征：上体包括翅和尾的表面概暗赭褐色；眼先近黑色；眉纹狭窄而长，自鼻孔向后延伸至颈部，呈灰白色；颊和耳羽灰褐和白色相混杂；尾羽具不明显，但隐约可见的暗色横斑。下体：颏、喉纯白；胸部灰白，各羽中央为灰黑色，形成极为显著的斑点；腹部中央白色；两胁与背同色，但较淡；尾上覆羽亦与背同色，尖端白色，形成数道宽的白色横斑，很显著。雌雄两性羽色相似。虹膜褐色；嘴黑色；脚淡灰角色，爪角褐色。

生活习性：栖息于海拔360~4300m山地丘陵、高山地区。单独或成对活动，冬时成小群活动。性活泼，善于隐蔽自己，不易被发现。食物以鞘翅目昆虫、步行甲、双翅目昆虫、蜗牛、蜘蛛等昆虫为主。

地理分布：甘肃太子山国家级自然保护区有分布。

棕褐短翅莺
Locustella luteoventris

　　形态特征：雌雄羽色相似。上体棕褐色，腰和尾上覆羽稍淡。眉纹短而不明显、皮黄色或淡棕色，眼周淡皮黄色，在有些标本形成明显的淡皮黄色眼圈；颊和耳覆羽淡棕色具淡色或白色羽轴纹；头侧和颈侧较背淡而沾黄。两翅和尾与背相似亦为棕褐色、但尾较暗，外翈较淡，内翈较深且具不甚明显的明暗相间横斑，第二枚飞羽和第十枚飞羽等长。颏、喉、下胸和腹部中央白色或淡灰白色，亦有为黄白色。上胸、两胁、肛周和尾下覆羽棕色或淡棕褐色，尾下覆羽羽缘或多或少沾白色。个别标本颏、喉和上胸具棕褐色斑。虹膜褐色或黄褐色，上嘴黑褐色。下嘴黄白色，脚肉色或黄褐色。

　　生活习性：主要栖息于海拔390~3000m山地疏松常绿阔叶林的林缘灌丛与草丛中，以及高山针叶林和林缘疏林草坡与灌丛中。留鸟。主要以昆虫为食，食物为鳞翅目幼虫、半翅目、膜翅目、鞘翅目、蟋蟀和蚂蚁、小型无脊椎动物等。

　　地理分布：甘肃太子山国家级自然保护区有分布。

燕科 Hirundinidae

家燕
Hirundo rustica

形态特征：雌雄羽色相似。前额深栗色，上体从头顶一直到尾上覆羽均为蓝黑色而富有金属光泽。两翼小覆羽、内侧覆羽和内侧飞羽亦为蓝黑色而富有金属光泽。初级飞羽、次级飞羽和尾羽黑褐色微具蓝色光泽。尾长，呈深叉状。最外侧一对尾羽特形延长，其余尾羽由两侧向中央依次递减。颏、喉和上胸栗色或棕栗色，其后有一黑色环带，有的黑环在中段被侵入栗色中断，下胸、腹和尾下覆羽白色或棕白色，也有呈淡棕色和淡赭桂色的。幼鸟和成鸟相似，但尾较短，羽色亦较暗淡。

生活习性：整天大多数时间都成群地在村庄及其附近的田野上空不停地飞翔。主要以昆虫为食。

地理分布：甘肃太子山国家级自然保护区有分布。

岩燕

Ptyonoprogne rupestris

形态特征：雌雄羽色相似。头顶暗褐色，头的两边、后颈和颈侧、上体包括尾上覆羽、翅上小覆羽和内侧翅上大覆羽褐灰色。两翅和尾暗褐灰色，尾羽短、微内凹近似方形，除中央一对和最外侧一对尾羽无白斑外，其余尾羽内侧近端部 1/3 处有一大型白斑。颏、喉和上胸污白色，有的颏、喉具暗褐色或灰色斑点，下胸和腹深棕砂色，两胁、下腹和尾下覆羽暗烟褐色。虹膜暗褐色，嘴黑色，跗跖肉色。幼鸟和成鸟相似，但幼鸟上体较暗且具宽的暗棕色羽缘，腰和尾上覆羽具浅黄色羽缘。下体较红棕，颏、喉无褐色斑纹。

生活习性：主要栖息于海拔 1500~5000m 的高山峡谷地带，尤喜陡峻的岩石悬崖峭壁。活动于山谷、山前旷地或沿河流在空中飞行。栖于山区岩崖及干旱河谷。食物以昆虫为主，常见种类有金龟子、蚊、姬蜂、蚜、蚁、蝇、甲虫等。习惯于在空中捕食飞虫。

地理分布：甘肃太子山国家级自然保护区有分布。

柳莺科 Phylloscopidae

褐柳莺

Phylloscopus fuscatus

　　形态特征：中等体型（11cm）的单一褐色柳莺。上体褐色或橄榄褐色，两翅内侧覆羽颜色同背，其余覆羽和飞羽暗褐色，外翈羽缘较淡呈淡褐色微缀橄榄色，内翈羽缘浅灰褐色。尾暗褐色，有的上面微沾淡棕色，羽缘亦较淡具明显的橄榄褐色。眉纹棕白色从额基直到枕，贯眼纹暗褐色自眼先经眼向后延伸至枕侧，颊和耳覆羽褐色而杂有浅棕色。颏、喉白色微沾皮黄色，胸淡棕褐色，腹白色微沾皮黄色或灰色，两胁棕褐色，尾下覆羽淡棕色有时微沾褐色，腋羽和翅下覆羽亦为皮黄色。陈旧的夏羽上体有点灰色。幼鸟和成鸟相似，但上体较暗，眉纹淡灰白色，下体淡棕黄色。虹膜暗褐色或黑褐色，上嘴黑褐色，下嘴橙黄色、尖端暗褐色，脚淡褐色。

　　生活习性：栖息于从山脚平原到海拔 4500m 的山地森林和林线以上的高山灌丛地带，常单独或成对活动，多在林下、林缘和溪边灌丛与草丛中活动。喜欢在树枝间跳来跳去。主要以昆虫为食，以鞘翅目昆虫居多。

　　地理分布：甘肃太子山国家级自然保护区有分布。

黄腹柳莺

Phylloscopus affinis

　　形态特征：雌雄羽色相似。无中央冠纹和侧冠纹。上体橄榄绿色或橄榄灰绿色，两翅和尾褐色或暗褐色，外翈羽缘绿黄色，中央尾羽羽轴白色，翅上无翼斑，飞羽羽缘亦为黄绿色或黄白色。眉纹黄色，长而宽阔，从鼻直到枕侧，贯眼纹淡黑色。下体草黄色或黄绿色，胸侧、颈侧和两胁沾橄榄色，尾下覆羽深草黄色，翅下覆羽和腋羽黄色。虹膜暗褐色；上嘴黑褐色，下嘴浅黄色，尖端暗褐色；跗跖和趾淡黄褐色，或浅绿褐色到黑色。

　　生活习性：常单独或成对活动，非繁殖期亦见成3~5只成10余只的小群。食物全为昆虫，包括有鳞翅目、膜翅目、双翅目、蝇、蚁、蚊、鞘翅目小甲虫和鳞翅目的幼虫等。

　　地理分布：甘肃太子山国家级自然保护区有分布。

棕腹柳莺

Phylloscopus subaffinis

形态特征：雌雄羽色相似。上体自前额至尾上覆羽，包括翅上内侧覆羽概呈橄榄褐色或橄榄绿褐色，有的微沾棕，腰和尾上覆羽稍淡。尾稍圆，为圆尾。尾羽暗褐色或沙褐色，外翈羽缘橄榄褐色或橄榄绿色。翅暗褐色无翅斑，内侧覆羽同背为橄榄褐色，外侧翅上覆羽暗褐色，外缘黄绿色或橄榄褐色。飞羽亦为暗褐色，外翈羽缘黄绿色或橄榄褐色。眉纹皮黄色或淡棕色，贯眼纹绿褐色或暗褐色，自眼先经眼到耳区。下体棕黄色，颏、喉较浅，两胁较暗，翅下覆羽皮黄色。虹膜褐色。

生活习性：活跃于树枝间，性情很活泼。食物全系昆虫，有甲虫、蚊、蝇及鞘翅目昆虫成虫或幼虫。

地理分布：甘肃太子山国家级自然保护区有分布。

棕眉柳莺

Phylloscopus armandii

形态特征：雌雄羽色相似。上体橄榄褐色，有的微沾灰色，额羽松散沾棕，腰沾绿黄色，两翅和尾黑褐色或暗褐色，翅上无翼斑，外翈羽缘较淡为棕褐色或橄榄褐色，因而使两翅和尾表面与背同色。眉毛棕白色，长而显著，贯眼纹暗褐色自眼先经眼向后一直延伸到耳覆羽上缘，颊和耳覆羽棕褐色，颈侧黄褐色，下体绿白色具细的黄色纵纹，两胁稍沾橄榄褐色，两胁和尾下覆羽皮黄色。

生活习性：常单独或成对活动，有时也集成小群在灌木和树枝间跳跃觅食。主要以毛虫、蚱蜢等鞘翅目、鳞翅目、直翅目昆虫和昆虫的幼虫为食，也吃蝗虫、甲虫、蜘蛛等其他无脊椎动物性食物。

地理分布：甘肃太子山国家级自然保护区有分布。

巨嘴柳莺

Phylloscopus schwarzi

形态特征： 雌雄羽色相似。嘴较厚，其厚度在鼻孔处 3mm 以上；上体橄榄褐色；无翼斑；两翅的内侧飞羽橄榄褐色，尾上覆羽转为棕褐色，两翅的外侧覆羽和飞羽均呈暗褐色；尾羽亦暗褐色，边缘微棕褐色；眉纹棕白色或皮黄色，较长，从鼻孔直到枕部，眼圈的上、下部均为棕色；自眼先有一暗褐色或黑褐色的贯眼纹，伸至耳羽的上方；两颊与耳羽均为棕色与褐色相混杂。额、喉近白色；下体大部为黄色。腹部黄白色或鲜黄色；胸、两胁及腋羽、尾下覆羽均呈浓、淡不等的棕黄色。

生活习性： 常单独或成对活动，性胆小而机警。食物主要为鞘翅目昆虫。

地理分布： 甘肃太子山国家级自然保护区有分布。

甘肃柳莺

Phylloscopus kansuensis

　　形态特征：中等体型（10cm）的偏绿色柳莺。腰色浅，隐约可见第二道翼斑，眉纹粗而白，顶纹色浅，三级飞羽羽缘略白。野外与淡黄腰柳莺难辨，但声音有别。虹膜深褐；嘴部上嘴色深，下嘴色浅；脚粉褐。叫声：鸣声为颤抖尖细而略粗哑的 tsrip 声，接一连串略微加速的 tsip 声，以一个长 1~2 秒的清晰颤音收尾。声似峨眉柳莺而与黄腰柳莺迥然不同。

　　生活习性：常与其他柳莺混集成群，在树枝间跳跃取食。在海拔较高的地方数量增多，繁殖于有云杉及桧树的落叶林。

　　地理分布：甘肃太子山国家级自然保护区有分布。

云南柳莺

Phylloscopus yunnanensis

形态特征：云南柳莺一般指中华柳莺，雌雄羽色相似。头顶暗橄榄灰褐色，头顶中央有一条淡橄榄灰色纵纹从前额向后一直延伸到后枕，中央冠纹两侧的头顶颜色较深为暗橄榄褐灰色，形成宽阔的暗色侧冠纹；眉纹长而显著；颈灰橄榄色，翕、肩、背和尾上覆羽灰橄榄色，腰黄白色。尾羽暗褐色，外翈羽缘灰橄榄色。下体白色而沾淡黄色，两胁和胸侧沾有不明显的橄榄灰色；胸侧有一小而不明显的橄榄灰色斑，喉和胸之间有一窄的淡橄榄灰色横带；翅下覆羽黄白色，腋羽亦为黄白色。虹膜褐色；嘴部上嘴色深，下嘴色浅；脚褐色。

生活习性：主要栖息于海拔2600m以下的山地森林中。常单独或成对活动。雄鸟在繁殖期常站在高大松树的顶枝上鸣叫，鸣声单调、清脆而富有变化。主要以毛虫、蚱蜢等鞘翅目、鳞翅目、直翅目昆虫和昆虫的幼虫为食，也吃蝗虫、甲虫、蜘蛛等其他无脊椎动物性食物。

地理分布：甘肃太子山国家级自然保护区有分布。

黄腰柳莺

Phylloscopus proregulus

形态特征：雌雄两性羽色相似。上体包括两翼的内侧覆羽概呈橄榄绿色，在头较浓，向后渐淡；前额稍呈黄绿色；头顶中央冠纹呈淡绿黄色；眉纹显著，呈黄绿色，自嘴基直伸到头的后部；自眼先有一条暗褐色贯眼纹，沿着眉纹下面，向后延伸至枕部；颊和耳上覆羽为暗绿与绿黄色相杂；尾羽黑褐色，各羽外翈羽缘黄绿色；翼的外侧覆羽以及飞羽均呈黑褐色，中覆羽和大覆羽的先端淡黄绿色。下体苍白色，稍沾黄绿色，尤以两胁、腋羽和翅下覆羽尤然。尾下覆羽黄白色，翼缘黄绿色。

生活习性：单独或成对活动在高大的树冠层中。食物主要为昆虫。

地理分布：甘肃太子山国家级自然保护区有分布。

黄眉柳莺

Phylloscopus inornatus

　　形态特征：上体橄榄绿色；眉纹淡黄绿色；翅具两道浅黄绿色翼斑；下体为沾绿黄的白色。上体包括两翅的内侧覆羽概呈橄榄绿色，头部色泽较深，在头顶的中央贯以一条若隐若现的黄绿色纵纹。眉纹淡黄绿色。自眼先有一条暗褐色的纵纹，穿过眼睛，直达枕部；头的余部为黄色与绿褐色相混杂；翼上覆羽与飞羽黑褐色；大覆羽和中覆羽尖端淡黄白色，形成翅上的两道翼斑；尾羽黑褐色，各翅外缘以橄榄绿色狭缘，内缘以白色。下体白色，胸、胁、尾下覆羽均稍沾绿黄色，腋羽亦然。雌雄两性羽色相似。

　　生活习性：常单独或成小群活动。主要以昆虫为食。

　　地理分布：甘肃太子山国家级自然保护区有分布。

暗绿柳莺

Phylloscopus trochiloides

形态特征：雌雄两性羽色相似。上体呈橄榄绿色，头顶较暗和较褐；眉纹黄白色长而较明显；自鼻孔穿过眼，向后延伸至枕部的贯眼纹暗褐色；颊和耳上覆羽暗褐色和黄色相混杂；腰较淡，两翅内侧覆羽橄榄绿色，与背相似，外侧覆羽暗褐色，各羽外翈羽缘黄绿色；大覆羽和小覆羽先端淡黄色或淡黄白色，形成一道明显的翅上翼斑，有的中覆羽亦具窄的淡黄白色尖端，形成不甚明显的另一道翅斑。第一枚初级飞羽较初级覆羽长，第二枚初级飞羽的长度较第八枚短，偶尔等于第八枚。下体白色或灰白色沾黄，尤以两胁和尾下覆羽沾黄更为显著。虹膜褐色；上嘴黑褐色，下嘴淡黄色；跗蹠和趾淡褐色或近黑色。

生活习性：栖息于海拔 500~4400m 的针叶林、针阔混交林、阔叶林，也见于林缘疏林、灌丛。常单独或成对活动，非繁殖季节也成小群或混群活动和觅食。主要以鞘翅目、鳞翅目、膜翅目等昆虫为食。

地理分布：甘肃太子山国家级自然保护区有分布。

乌嘴柳莺

Phylloscopus magnirostris

形态特征： 雌雄两性羽色相似。上体概呈橄榄褐色，头顶较暗沾灰；眉纹黄白色，长而宽阔，很明显，并具一条暗褐色贯眼纹；颊和耳羽褐和黄色相混杂；腰较淡而发亮，两翅暗褐色，外翈羽缘橄榄绿色，中覆羽和大覆羽先端黄色或皮黄色，具黄色或黄白色羽端，形成翅上两道翼斑，但中覆羽羽端黄白色常常不明显或缺失，通常在换羽后存在一段时间就消失了，因而常常只看到一道较明显的翅上翼斑；尾羽亦呈暗褐色，外翈羽缘绿色，外侧两对尾羽内翈具非常窄的白色羽缘。下体淡黄色或黄白色，胸和两胁沾橄榄灰色；腋羽和翼下覆羽黄色沾灰。虹膜暗褐色或红褐色；嘴暗褐色或棕褐色，下嘴基部肉色或角黄色；跗跖角褐色，爪铅褐色。

生活习性： 主要栖息于海拔 2000~3500m 的山地和高原的针叶林、针阔叶混交林、灌丛或落叶林中，以及峡谷两岸的杜鹃丛中。常单独或成对活动。性活泼，主要以各种昆虫及昆虫幼虫为食。

地理分布： 甘肃太子山国家级自然保护区有分布。

树莺科 Cettiidae

黄腹树莺

Horornis acanthizoides

形态特征：雌雄两性羽色相似。上体概呈暗橄榄褐色,腰和尾上覆羽较淡；自鼻孔向眼上后方延伸至后颈的一条狭长的眉纹呈淡黄色、白色或皮黄色的从嘴基穿过眼向后延伸至颈部的贯眼纹；眼先和耳羽和颊褐色和黄色相混杂；两翅和尾羽黑褐色，各羽外翈羽缘的棕褐色较鲜亮，两翅与尾表面与背同色，仅外侧飞羽羽缘更显棕色。下体的颏、喉灰棕色或皮黄色沾灰；胸和两胁呈灰橄榄褐色；下体余部淡黄色，肛区和尾下覆羽浅黄色。

生活习性：多单独或成对或成三五只小群活动。在灌木丛和草丛中觅食。主要以毛虫、蚱蜢等鞘翅目、鳞翅目、直翅目昆虫和昆虫的幼虫为食。

地理分布：甘肃太子山国家级自然保护区有分布。

长尾山雀科 Aegithalidae

银喉长尾山雀

Aegithalos glaucogularis

形态特征：在山雀中体形较小，躯体圆润，尾巴相对地较长，能占到总长度的一半，嘴短而粗；松散的羽毛外观蓬松，雄性成鸟与雌性羽色相似。雄性成鸟头顶和枕侧辉黑色，头顶中央贯以黄灰色纵纹；额、头侧和颈侧淡葡萄棕色；背至尾上覆羽石板灰；翅灰褐以至黑褐色；尾羽黑色；颏、喉淡葡萄棕色，喉部中央具一银灰色块斑，胸部黄灰，腹部沾葡萄红，尾下覆羽葡萄红色。腋羽和翅下覆羽白色。幼鸟头顶及上背呈葡萄褐色，头部纵纹亦较淡；喉、胸和上腹呈锈色，下腹黄灰色。

生活习性：行动敏捷，来去均甚突然，常见跳跃在树冠间或灌丛顶部。主要啄食昆虫。

地理分布：甘肃太子山国家级自然保护区有分布。

莺鹛科 Sylviidae

白喉林莺
Sylvia curruca

形态特征：上体概呈沙褐色；头顶的颜色多变，有的与背同色，有的稍沾灰色，有的呈灰色；头侧的色泽亦有不同，一般均与头顶同色；自嘴基穿过眼，向后伸展至枕部的贯眼纹呈暗褐或黑褐色；飞羽褐色，具淡沙褐色羽缘；尾羽几呈暗褐色，外侧尾羽具白色狭缘；中央尾羽灰褐，羽轴黑褐色；最外侧一对尾羽除内翈基部褐色外，余部及外翈全白色，羽端具白色楔状斑。下体白色，胸和两胁缀以淡粉色。雌雄两性羽色相似。虹膜鲜黄色、褐色或内圈浅褐色，外圈乳黄色；嘴褐色。

生活习性：不断地在灌木、树枝间飞上飞下。食物主要为昆虫，兼食一些植物性食物。

地理分布：甘肃太子山国家级自然保护区广泛分布。

灰头雀鹛
Fulvetta cinereiceps

形态特征：雌雄羽色相似。额、头顶、枕、后颈暗灰色或褐灰色，头顶两侧具黑色侧冠纹或侧冠纹不明显，头侧和颈侧灰色或深灰色，眼先稍白，眼周有一灰白色或近白色眼圈。其余上体橄榄褐色或橄榄灰褐色，有的上体沾棕红色或几全为棕红色，腰和尾上覆羽茶黄褐色或橄榄褐色沾棕色，尾表面与尾上覆羽相似：两翅覆羽和飞羽亦与背大致相同或沾棕色。颏、喉浅灰色或淡茶黄色沾灰，胸淡棕色，其余下体橄榄褐色或棕橄榄褐色。虹膜红棕色或栗色，嘴角褐色或黑褐色，脚淡褐色或暗黄褐色。

生活习性：通常在低矮、密集的地方，如灌木丛和竹林中以小群形式活动。发现于中高海拔地区。

地理分布：甘肃太子山国家级自然保护区有分布。

白眶鸦雀

Sinosuthora conspicillatus

形态特征：雌雄羽色相似。额、头顶、枕、后颈一直到上背棕褐色，眼圈白色，背、肩、腰和尾上覆羽橄榄灰褐色，两翅覆羽与背相同，飞羽和尾羽暗褐色，外翈稍淡而沾灰色。眼先、耳羽和头侧淡棕褐色。颏、喉和上胸淡葡萄红色具粗著的暗色纵纹，其余下体淡棕灰色或橄榄褐色。嘴蜡黄色，脚暗黄褐色。国家二级重点保护野生动物。

生活习性：性活泼，结小群藏隐于山区森林的竹林层。常单独或成对活动，有时亦与棕头鸦雀混群。它们在树木的中低层，甚至在树脚下的灌木丛中觅食。主要以昆虫为食，也吃植物和杂草果实与种子。

地理分布：甘肃太子山国家级自然保护区有分布。

噪鹛科 Leiothrichidae

黑额山噪鹛
Garrulax sukatschewi

形态特征：雌雄羽色相似。上体橄榄褐色或灰褐色，头顶较暗。眉纹淡棕色，自额至枕侧长而不明显，鼻羽黑色，具黑色贯眼纹和颧纹，脸颊和耳羽前部白色，耳羽后部葡萄棕色。翅上内侧覆羽与背同色，小翼羽外翈烟灰色，大覆羽淡棕色，羽端有棕色斑点，羽缘淡褐色，所有飞羽均具白色端斑。腰和尾上覆羽棕色或棕红色。颏微黑色，其余下体葡萄棕色，下腹和尾下覆羽棕红色或橙棕色。国家一级重点保护野生动物。

生活习性：常成对活动，多在林下地上落叶层和苔藓植物丛中觅食。夜晚多栖于树上，主要以甲虫、鳞翅目幼虫、蝇等昆虫为食，也吃植物果实和种子。

地理分布：甘肃太子山国家级自然保护区有分布。

大噪鹛

Garrulax maximus

形态特征：雌雄羽色相似。额至头顶暗褐或黑褐色，眼先近白色，颊后部、耳覆羽和颈侧栗色，翁灰色。其余上体暗栗色或栗褐色，两翅内侧覆羽与背同色，初级覆羽和大覆羽黑色具白色端斑。中央尾羽棕褐或灰褐色，羽缘缀灰色具窄的白色尖端；外侧尾羽黑褐色往基部逐渐变为蓝灰或暗灰色。颏、喉和上胸棕褐色或栗褐色，上胸有时具细窄的黑色次端斑和棕白色端斑，其余下体纯棕褐色或皮黄色。国家一级重点保护野生动物。

生活习性：常在林下或林缘茂密的灌丛间跳来跳去，或在地上落叶层中觅食。主要以昆虫和昆虫幼虫等动物性食物为食，也吃植物果实和种子。

地理分布：甘肃太子山国家级自然保护区有分布。

山噪鹛

Garrulax davidi

形态特征：雌雄羽色相似。整个上体包括两翅和尾上覆羽表面灰沙褐色，眼先灰白色，羽端缀黑色，眉纹和耳羽淡褐或淡沙褐色，头顶具暗色羽缘，有的还具深褐色轴纹。腰和尾上覆羽更显灰色，飞羽暗灰褐色或黑褐色，外翈羽缘灰色或亮灰白色，两翅覆羽灰褐色。尾黑褐色，中央一对尾羽灰沙褐色，端部暗褐色，其余尾羽基部稍沾灰褐色，余部黑褐色具不明显的隐约可见的暗色横斑。颏黑色，喉、胸灰褐色，腹和尾下覆羽淡灰褐色。

生活习性：主要栖息于山地灌丛和矮树林中，也栖于山脚和溪流沿岸柳树丛。主要以昆虫和昆虫幼虫为食，也吃植物果实和种子。

地理分布：甘肃太子山国家级自然保护区有分布。

橙翅噪鹛

Trochalopteron elliotii

形态特征：雌雄羽色相似。额、头顶至后颈深葡萄灰色或沙褐色，额部较浅，近沙黄色，其余上体包括两翅覆羽橄榄褐色或灰橄榄褐色。飞羽暗褐色，外侧飞羽外翈淡蓝灰色或银灰色，基部橙黄色，从外向内逐渐扩大，形成翅斑。眼先黑色，颊、耳羽橄榄褐色或灰褐色，也有的耳羽呈暗栗色或黑褐色，羽端微具白色狭缘。颏、喉、胸淡棕褐色或浅灰褐色，上腹和两胁橄榄褐色，下腹和尾下覆羽栗红或砖红色。国家二级重点保护野生动物。

生活习性：常在灌丛下部枝叶间跳跃、穿梭或飞进飞出，有时亦见在林下地上落叶层间活动和觅食。主要以昆虫和植物果实与种子为食，杂食性。

地理分布：甘肃太子山国家级自然保护区广泛分布。

旋木雀科 Certhiidae

普通旋木雀
Certhia familiaris

形态特征：雌雄羽色相似。前额、头顶、后颈一直到上背棕褐色，各羽均具白色羽干纹。下背、腰和尾上覆羽棕红色，翅上覆羽黑褐色，羽端棕白色。飞羽亦为黑褐色，内侧初级飞羽和次级飞羽中部具两道淡棕黄色斜行带斑。尾羽黑褐色。眉纹灰白或棕白色，眼先黑褐色，耳羽棕褐色，两颊棕白而杂有褐色细纹。颏、喉、胸、腹白色或乳白色，下腹、两胁和尾下覆羽沾灰，有的还微沾皮黄色。虹膜暗褐色或茶褐色，嘴黑色，下嘴乳白色。

生活习性：有垂直向树干上方爬行觅食的特殊习性，它们坚硬的尾羽可支撑起垂直爬升的身体重量。主食昆虫、蜘蛛和其他节肢动物。

地理分布：甘肃太子山国家级自然保护区有分布。

锈红腹旋木雀
Certhia nipalensis

　　形态特征：雌雄羽色相似，额、头顶至枕黑褐色具棕白色羽干纹，额微沾棕。上背暗褐色具淡棕色纵纹，下背、腰和尾上覆羽呈锈赤褐色，翅上覆羽黑褐色具赤褐色羽缘和棕白色端斑。飞羽褐色，最外翈4枚飞羽具棕色羽缘，其余飞羽具棕白色端斑，内侧初级飞羽和全部次级飞羽外翈中部具两道浅棕色斜贯带斑，内翈中部具白斑。尾红褐色，羽干亦为红色。眉纹棕白色，眼先和耳羽呈棕褐二色相杂。颏、喉白色，胸淡黄赭色，腹、两胁及尾下覆羽呈锈红色，腋羽乳黄色，翅下覆羽白色。

　　生活习性：树栖性，习性和其他旋木雀相似，多单独或成对活动。主要以蚂蚁等昆虫为食。

　　地理分布：甘肃太子山国家级自然保护区有分布。

鸭科 Sittidae

普通鸭
Sitta europaea

形态特征：上体灰蓝色，贯眼纹黑色，自眼先和枕侧一直延伸到肩部，眼上方微白，中央尾羽同背，外侧尾羽黑色具灰黑色次端斑，最外侧 2~3 对尾羽具白色次端斑。飞羽黑褐色，外翈羽缘灰蓝色，翅上覆羽同背。眼以下整个脸颊、颏、喉、下颈、颈侧和胸均为白色，腹和两胁棕黄色，尾下覆羽白色，羽缘和羽端栗色。虹膜暗褐色或褐色，上嘴灰蓝色，先端黑色，下嘴基部角灰色，端部灰褐色，跗跖肉褐色。

生活习性：性活泼，行动敏捷，能在树干向上或向下攀行，啄食树皮下的昆虫，亦有时以螺旋形沿树干攀缘活动。食物以昆虫为主，其中包括天牛、金龟子、螟蛾等害虫。

地理分布：甘肃太子山国家级自然保护区有分布。

黑头鸸

Sitta villosa

　　形态特征：雄鸟额基白色，眉纹亦为白色或白沾棕黄色，长而显著，从额基沿眼上向后一直延伸到后枕侧面，头顶、枕至后颈亮黑色，眼先、眼后和耳羽污黑色。耳羽常杂有白色细纹。背、肩、腰至尾上覆羽等上体达蓝色。中央尾羽亦为淡蓝色。飞羽黑褐色。脸颊、头侧、颏、喉污白色或近白色，其余下体灰棕色或浅棕黄色，尾下覆羽暗棕灰色，端缘较浅淡。雌鸟顶冠黑褐色或暗灰褐色，眉毛污白色，上体余部较雄鸟稍淡，呈淡紫灰色，下体亦较雄鸟较淡，为灰黄或黄褐色。

　　生活习性：常成对或成家族群活动。食物为鞘翅目、鳞翅目、膜翅目和双翅目幼虫等。

　　地理分布：甘肃太子山国家级自然保护区有分布。

白脸䴓

Sitta leucopsis

形态特征：中等体型（13cm）的䴓。额、头颈、枕以及后颈两侧辉黑。特征为明显的皮黄色颊斑覆盖眼部。上体石板蓝或紫灰，具黑色的顶冠及半颈环，下体浓黄褐。腰和尾上覆羽浅淡。中央尾羽与上体同色，余羽均黑，除外侧1~2对外，概具石板蓝端斑。翼暗褐，内侧飞羽具石板蓝外缘。虹膜褐色；嘴黑色，下颚基部灰色；脚绿褐。

生活习性：成对或结小群，有时与其他种类混群。食物以各种昆虫为主。

地理分布：甘肃太子山国家级自然保护区有分布。

红翅旋壁雀

Tichodroma muraria

形态特征：雌雄羽色相似，但冬夏羽色略有不同。雄鸟冬羽，额、头顶至后枕灰色沾棕，背、肩灰色，腰和尾下覆羽深灰色，尾羽基部沾粉红色，中央尾羽黑色而具灰褐色端斑，外侧尾羽亦为黑色，内翈具白色次端斑，白色次端斑由内向外逐渐扩大，到最外侧一对尾羽外翈朝先端的一半几纯白色。翅上小覆羽、中覆羽胭红色，初级覆羽和外侧大覆羽外翈亦为胭红色，内翈黑褐色，内侧大覆羽黑褐色，飞羽黑色，羽端微白，除最外侧三枚初级飞羽外，其余各羽外翈基部红色，第二枚至五枚初级飞羽内翈具两个白色圆斑，第六枚具一个圆形白斑。眼周微白，眼先黑灰色。额、喉白色，其余下体深灰色，尾下覆羽先端缀白色。翅下覆羽灰黑沾红，腋羽红色。雌鸟额、头顶和后颈深灰色，背、腰灰色微沾棕黄色，尾上覆羽深灰色。额、颊、喉黑色，下体灰黑色，其余与冬羽相似。虹膜褐色或暗褐色，嘴、脚黑色。

生活习性：主要栖息于高山悬崖峭壁和陡坡上，也见于平原山地。主要为留鸟，部分做季节性的游荡和垂直迁移。主要以甲虫、金龟子等鞘翅目、鳞翅目、直翅目、膜翅目昆虫和昆虫的幼虫为食，也吃少量蜘蛛和其他无脊椎动物。

地理分布：甘肃太子山国家级自然保护区有分布。

鹪鹩科 Troglodytidae

鹪鹩

Troglodytes troglodytes

　　形态特征：雌雄羽色相似。额、头顶至后颈暗棕褐色或暗赤褐色。背和两翅表面棕色杂以黑色横纹，肩具零星白色斑点，腰、尾上覆羽和尾羽棕红色杂以黑色横斑，尤以尾上黑色横斑较粗著。飞羽漆黑褐色，眉纹白色或灰白色。颏、喉、颈侧和胸烟棕褐色杂以黑色斑点。腹棕白色杂以粗著的黑色横斑。尾下覆羽漆棕褐色杂以黑色横斑和白色端斑。幼鸟和成鸟大致相似，但羽色较淡，黑褐色横斑较细而多。

　　生活习性：一般独自或成双或以家庭集小群进行活动。它们在灌木丛中迅速移动，常从低枝逐渐跃向高枝，尾巴翘得很高。歌声嘹亮，尤其是雄鸟。性极活泼而又怯懦。

　　地理分布：甘肃太子山国家级自然保护区有分布。

河乌科 Cinclidae

河乌

Cinclus cinclus

形态特征:体丰满,嘴细长而尖,翼和尾均短,嘴和腿似鸫,羽毛不透水。鼻孔上有一可活动的盖,眼有第三层眼睑。雄鸟白色型,额、头顶、后颈、上背暗棕褐色;下背至尾上覆羽石板灰色。翅褐色,羽衣外翈具石板灰色羽缘。尾羽褐灰色。眼圈灰白色;眼先、耳羽棕褐色。颏、喉、胸白色;腹、胁浓棕褐沾黑褐色;尾下覆羽灰褐色;腋羽、翅下覆羽褐色。雄鸟褐色型,上体似白色型,但额至后颈色较浅淡。颏、喉、胸暗棕褐色;腹、胁、尾下覆羽暗褐色。雌鸟与雄鸟形态相似。

生活习性:栖息于森林及开阔区域清澈而湍急的山间溪流。主食水生昆虫及其他幼虫。

地理分布:甘肃太子山国家级自然保护区有分布。

褐河乌
Cinclus pallasii

形态特征：雌鸟形态与雄鸟相似，成鸟通体呈咖啡褐色，背和尾上覆羽具棕红色羽缘；翅和尾黑褐色，飞羽外翈具咖啡褐色狭缘；眼圈白色，常为眼周羽毛遮盖而外观不显著；下体腹中央色较浅淡，尾下覆羽色较暗。幼鸟上体黑褐色，羽缘黑色形成鳞状斑纹。翅羽暗褐色，小覆羽具棕白色羽缘；颏、喉、颈侧、胸、胁和尾下覆羽及覆腿羽均具锈棕色羽端，腹具棕白色羽端。腋羽和翅下覆羽黑褐具灰白色弧形斑。

生活习性：能在水面浮游，也能在水底潜走。一般常单个或成对活动。在水中寻食，全年以动物性食物为主，偶尔吃些植物叶子和禾本科植物种子。

地理分布：甘肃太子山国家级自然保护区有分布。

椋鸟科 Sturnidae

灰椋鸟

Spodiopsar cineraceus

形态特征：中等体形（24cm）的棕灰色椋鸟。通体主要为灰褐色，头部上黑而两侧白，臀、外侧尾羽羽端及次级飞羽狭窄横纹白色。雌鸟色浅而暗。虹膜偏红；嘴为黄色，尖端黑色；脚为暗橘黄。

生活习性：性喜成群，除繁殖期成对活动外，其他时候多成群活动。飞行迅速，整群飞行。鸣声低微而单调。主要以昆虫为食，也吃少量植物果实与种子。

地理分布：甘肃太子山国家级自然保护区有分布。

鸫科 Turdidae

灰头鸫
Turdus rubrocanus

形态特征：雄鸟前额、头顶、眼先、头侧、枕、后颈、颈侧、上背烟灰或褐灰色，背、肩、腰和尾上覆羽暗栗棕色，两翅和尾黑色。颏、喉和上胸烟灰色或暗褐色，下胸、腹和两胁栗棕色，尾下覆羽黑褐色杂有灰白色羽干纹和端斑。雌鸟和雄鸟相似，但羽色较淡，颏、喉白色具暗色纵纹。幼鸟从额至后颈、头侧和颈侧概为橄榄褐色，羽端烟灰色，上背栗色具淡棕色羽干纹和黑色端斑，下背至尾上覆羽纯栗色，两翅和尾羽黑褐色。颏、喉污白色。

生活习性：多栖于乔木上，常在林下灌木或乔木树上活动和觅食，主要以昆虫和昆虫幼虫为食，也吃植物果实和种子。

地理分布：甘肃太子山国家级自然保护区有分布。

棕背黑头鸫
Turdus kessleri

　　形态特征：体大（28cm）的黑色及赤褐色鸫。头、颈、喉、胸、翼及尾黑色，体羽其余部位栗色，仅上背皮黄白色延伸至胸带。雌鸟比雄鸟色浅，喉近白而具细纹。似灰头鸫但区别在头、颈及喉黑色而非灰色。虹膜为褐色；嘴为黄色；脚为褐色。

　　生活习性：繁殖在海拔3600~4500m林线以上多岩地区的灌丛，冬季下至2100m。冬季成群，在田野取食。于地面上低飞，短暂的振翼后滑翔。喜吃桧树浆果。

　　地理分布：甘肃太子山国家级自然保护区有分布。

赤颈鸫

Turdus ruficollis

形态特征：雄鸟上体自头顶
至尾上覆羽灰褐色，头顶具矛形
黑褐色羽干纹，眉纹、颊栗红色，
眼先黑色，耳覆羽、颈侧灰色，
耳覆羽具淡色羽缘。中央一对尾
羽黑褐或暗灰色，其余尾羽栗红
色。翅上大覆羽和飞羽暗褐色，
羽缘银灰色。颏、喉、胸栗红色
或栗色，颏和喉两侧有少许黑色
斑点；腹至尾下覆羽白色，尾下
覆羽微缀棕栗色。胸侧和两胁杂
有暗灰色，腋羽和翅下覆羽棕栗
色。雌鸟和雄鸟相似。

生活习性：常在林下灌木上
或地上跳跃觅食，飞行迅速。主
要以甲虫、蚂蚁、鳞翅目和鞘翅
目等昆虫及昆虫幼虫为食，也吃
虾、田螺等其他无脊椎动物，以
及沙枣等灌木果实和草籽。

地理分布：甘肃太子山国家
级自然保护区广泛分布。

斑鸫

Turdus eunomus

形态特征：雄鸟上体从额、头顶、枕、后颈、背、肩、腰一直到尾上覆羽橄榄褐色。头顶至后颈和耳羽具黑色羽干纹；眼先黑色，眉纹淡棕红色或黄白色，腰有时具少许栗斑。尾上覆羽具栗斑或主要为棕红色而稍染橄榄褐色，两翅黑褐色，大覆羽外翈羽缘棕白或棕红色，飞羽黑褐色。中央一对尾羽黑褐或暗橄榄褐色，羽基缘以棕红色。须、喉和喉侧棕白色或栗色，颏、喉两侧具黑褐色斑点。下喉、胸、两胁棕栗色，腹白色，尾下覆羽棕红色。雌鸟和雄鸟相似，但喉和上胸黑斑较多。

生活习性：一般在地上活动和觅食，边跳跃觅食边鸣叫。性大胆，不怕人。主要以昆虫为食。

地理分布：甘肃太子山国家级自然保护区有分布。

红尾鸫

Turdus naumanni

　　形态特征: 体背颜色以棕褐为主,头部灰褐色,带有锈色,腹白,在胸部有红棕色斑纹围成一圈。雄鸟脸、胸、腰红棕色,眼上有清晰的白色眉纹。两胁和臀部具红棕色点斑,喉部常具有黑色点斑。雌鸟似雄鸟,但体色更浅,胸部棕色不如雄鸟密集,髭纹更清晰。起飞时,尾羽展开时棕红色。

　　生活习性: 常在森林、灌丛、草原环境活动。

　　地理分布: 甘肃太子山国家级自然保护区有分布。

宝兴歌鸫

Turdus mupinensis

形态特征：雄鸟上体自额、头顶、枕、后颈、背一直到尾上覆羽橄榄褐色。眉纹淡棕白色，眼先亦为淡棕白色。翅上覆羽橄榄褐色，飞羽暗褐色，尾羽暗褐色。颏、喉棕白色，喉具黑色小斑，其余下体白色，胸部沾黄，各羽具扇形黑斑；尾下覆羽皮黄色，具稀疏的淡褐色斑点。雌鸟和雄鸟羽色相似，但较暗淡而少光泽。幼鸟和成鸟相似，但上体较棕褐而鲜亮，后颈至上背具浅棕色羽轴纹，小覆羽和中覆羽具鲜亮的皮黄色端斑，其余似成鸟。

生活习性：单独或成对活动，多在林下灌丛中或地上寻食。主要以金龟甲、蝽象、蝗虫等鳞翅目、鞘翅目昆虫和昆虫幼虫为食。

地理分布：甘肃太子山国家级自然保护区有分布。

鹟科 Muscicapidae

红喉歌鸲（红点颏）
Calliope calliope

【雄鸟】

形态特征：雄鸟体羽大部分为纯橄榄褐色，额和头顶较暗沾棕褐色，眉纹和颧纹白色，眼先、颊黑色，耳羽橄榄褐色，有时微具细的淡褐色和沙褐白色羽干纹。两翅覆羽和飞羽暗棕褐色。尾上覆羽橄榄褐色微沾黄棕色，尾羽暗褐色，羽缘浅棕色。下体颏、喉赤红色，外围以黑色的边缘，胸部灰色，腹白色有时微沾浅棕黄色。国家二级重点保护野生动物。

生活习性：常在平原的繁茂树丛、灌木丛、草丛中间跳跃。在灌木丛低枝上觅食。主要以昆虫为食。

地理分布：甘肃太子山国家级自然保护区有分布。

【雌鸟】

形态特征：雌鸟羽色和雄鸟大致相似，但颏、喉部不为赤红色而为白色，胸沙褐色。老的雌鸟颏、喉均沾染红色，其余和雄鸟相似。

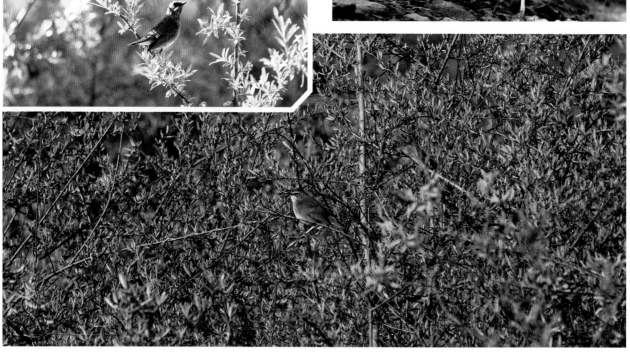

白腹短翅鸲

Luscinia phaenicuroides

形态特征：雄鸟额、头顶、头侧、后颈、颈侧、背、肩一直到尾上覆羽等上体概为暗铅灰蓝色，两翅较短黑褐色具暗灰蓝色羽缘，小翼羽黑色具宽的白色端斑。中央尾羽蓝黑色，其余尾羽基部栗色、端部蓝黑色。下体颏、喉和胸暗铅灰蓝色，腹白色，两胁灰蓝或灰褐色，两胁后部黄褐色，尾下覆羽灰褐色具白色端斑。雌鸟上体橄榄褐色，两翅和尾暗褐色，羽缘淡棕色，腰、尾上覆羽和尾羽沾棕色，尤以尾羽基部棕色较著。下体棕黄或淡黄褐色，两胁褐色，腹中部白色或近白色，尾下覆羽较下体多沾棕而具白色端斑。幼鸟上体橄榄褐色具棕黄色轴纹和端斑。下体棕白色具褐色羽缘形成斑杂状。虹膜暗褐色，嘴雄鸟黑色、雌鸟黑褐色，脚淡红褐色或肉褐色。

生活习性：主要栖息于海拔1500~4000m 的山地森林和林缘灌丛中，尤以林线上缘矮曲林、疏林灌丛和林线以上开阔的高山、岩石灌丛地带较常见。留鸟。长栖于浓密灌丛或在近地面活动，领域性甚强。性活泼而机警。主要以金龟甲、甲虫、蝽象、鳞翅目幼虫为食，秋冬季节也食少量植物果实和种子。

地理分布：甘肃太子山国家级自然保护区有分布。

红胁蓝尾鸲

Tarsiger cyanurus

形态特征：小型鸟类，体长 13~15cm。雄鸟上体从头顶至尾上覆羽包括两翅内侧覆羽表面概灰蓝色，头顶两侧、翅上小覆羽和尾上覆羽特别鲜亮呈辉蓝色。尾主要为黑褐色。翅上小覆羽和中覆羽辉蓝色。飞羽暗褐色或黑褐色。眉纹白色沾棕。下体、颏、喉、胸棕白色，腹至尾下覆羽白色，胸侧灰蓝色。雌鸟上体橄榄褐色，腰和尾上覆羽灰蓝色，尾黑褐色外表亦沾灰蓝色。前额、眼先、眼周淡棕色或棕白色。下体和雄鸟相似，但胸沾橄榄褐色，胸侧无灰蓝色，其余似雄鸟。

生活习性：常单独或成对活动，有时亦见小群。主要为地栖性，多在林下地上奔跑或在灌木低枝间跳跃。

地理分布：甘肃太子山国家级自然保护区有分布。

蓝眉林鸲

Tarsiger rufilatus

【雄鸟】

形态特征：小型深蓝色林鸲，体长 14cm 左右。成年雄鸟的头部至上背深蓝色，眉纹亮蓝色（有时也会显白）且从眼先延伸至耳部，有些个体眉纹在眼先模糊显得左右连接，眼圈深色，喉纯白色，胸腹白色带灰，与喉部对比明显，深蓝色从两颊延至胸侧，两胁橙黄色，翅膀不沾褐而尖端发黑，无翼斑，小覆羽、腰部和尾亮海蓝色，尾端色深。在形态上与红胁蓝尾鸲雄鸟有明显区别。

生活习性：长期栖于湿润山地森林及次生林的林下低处，可作短距离的垂直迁徙。

地理分布：甘肃太子山国家级自然保护区有分布。

【雌鸟】

形态特征：雌鸟上体大部橄榄褐色，仅腰和尾上覆羽及尾羽蓝色；眉纹淡棕白色或不显；下体余部与雄鸟相似。

金色林鸲

Tarsiger chrysaeus

　　形态特征：雄鸟额、头顶、后颈和背黄橄榄绿色，眼先、头侧黑色。肩、翅上小覆羽、腰和尾上覆羽亦为金橙黄色。中央尾羽黑色。翅上大覆羽黑色，飞羽黑色。下体从颏、喉直到尾下覆羽全为金橙黄色。雌鸟上体包括两翅表面橄榄绿色或暗橄榄色，额、眼先、头侧与头顶同色杂有黄色。幼鸟上体暗橄榄绿色具金黄色羽干纹，尾羽褐色，外侧尾羽基部内翻橙黄色，下体淡黄色，羽缘黑褐色。

　　生活习性：常单独或成对活动。多在林下地上奔走，也在林下灌丛枝间跳来跳去或飞上飞下。平时多隐藏在茂密的灌丛或草丛中。主要以鞘翅目、鳞翅目、膜翅目等昆虫为食。

　　地理分布：甘肃太子山国家级自然保护区有分布。

白喉红尾鸲

Phoenicurus schisticeps

【雄鸟】

形态特征：雄鸟夏羽前额、头顶至枕钴蓝色，额基、头侧、背、肩黑色，肩羽具宽的栗棕色端斑，腰和尾上覆羽栗棕色。尾黑色，基部栗棕色。两翅黑褐色。颏、喉黑色，腹部中央灰白色。冬羽和夏羽基本相似，但头部钴蓝色较暗，头和背部黑色部分均具棕色羽缘。其余同夏羽鸟。

生活习性：主要以金龟子、鞘翅目、鳞翅目等昆虫和昆虫幼虫为食，也吃植物果实和种子。常单独或成对活动在林缘与溪流沿岸灌丛中。性活泼，频繁地在灌丛间跳跃或飞上飞下。

地理分布：甘肃太子山国家级自然保护区有分布。

【雌鸟】

形态特征：雌鸟头顶、背、肩等上体橄榄褐色沾棕，腰和尾上覆羽栗棕色，尾暗褐色，基部栗棕色，两翅暗褐色。下体褐灰色。

蓝额红尾鸲
Phoenicurus frontalis
【雄鸟】

形态特征：小型鸟类，体长 14~16cm。雄鸟夏羽前额和一短眉纹辉蓝色，头顶、头侧、后颈、颈侧、背、肩、两翅小覆羽和中覆羽以及颏、喉和上胸概为黑色具蓝色金属光泽。其中小覆羽和中覆羽较深呈暗蓝色，羽缘淡褐色。冬羽和夏羽大致相似，但头顶至背等黑色部分各羽均具棕色羽端。

生活习性：主要以甲虫、蝗虫、毛虫、蚂蚁、鳞翅目幼虫等昆虫为食，也吃少量植物果实与种子。常单独或成对活动在溪谷、林缘灌丛地带。

地理分布：甘肃太子山国家级自然保护区有分布。

【雌鸟】

形态特征：雌鸟头顶至背棕褐色或暗棕褐色，腰和尾上覆羽栗棕色或棕色，眼圈棕白色，两翅褐色具棕黄色羽缘。头侧、颈侧、颏、喉、胸淡棕褐色。

赭红尾鸲

Phoenicurus ochruros

形态特征：雄鸟头顶和背黑色或暗灰色，额、头侧、颈侧暗灰色或黑色，腰和尾上覆羽栗棕色，中央尾羽褐色，外侧尾羽亦为栗棕色，翅上覆羽黑色或暗灰色，飞羽暗褐色。下体颏、喉、胸黑色，腹至尾下覆羽等其余下体栗棕色。雌鸟上体灰褐色，有的沾有棕色，两翅褐色或浅褐色，腰、尾上覆羽和外侧尾羽淡栗棕色，中央尾羽淡褐色，前额和眼周浅色。颏至胸灰褐色，腹浅棕色，尾下覆羽浅棕褐色或乳白色。虹膜暗褐色，嘴、脚黑褐色或黑色。

生活习性：主要栖息于海拔 2500~4500m 的高山针叶林和林线以上的高山灌丛草地，也栖息于高原草地、河谷、灌丛以及有稀疏灌木生长的岩石草坡、荒漠和农田与村庄附近的小块林内。主要为留鸟，部分迁徙。主要以鞘翅目、鳞翅目、膜翅目昆虫为食，也吃甲壳类、蜘蛛和节肢动物等其他小型无脊椎动物，偶尔也吃植物种子、果实和草籽。

地理分布：甘肃太子山国家级自然保护区有分布。

黑喉红尾鸲
Phoenicurus hodgsoni
【雄鸟】

形态特征：雄鸟前额一直到眼上方白色或灰白色，头顶、枕浅灰色，后颈、背、肩和腰上部灰色或暗灰色，下腰、尾上覆羽和尾羽棕色或栗棕色，两翅暗褐色，翅上覆羽黑褐色具宽的灰色羽缘。额基、眼先、头侧、耳羽、颏、喉一直到上胸概为黑色，其余下体棕色或栗色。

生活习性：主要以昆虫和昆虫幼虫为食。食物主要为步行虫、甲虫、蝗虫、蚂蚁、蛆等鳞翅目、双翅目、膜翅目昆虫和昆虫幼虫。多活动在地上草丛和灌丛中。

地理分布：甘肃太子山国家级自然保护区有分布。

【雌鸟】

形态特征：雌鸟额、头顶、后颈、背、肩包括两翅覆羽等上体灰褐色，飞羽暗褐色，腰、尾上覆羽和尾羽与雄鸟相同。眼先、头侧浅棕褐色。

北红尾鸲

Phoenicurus auroreus

【雄鸟】

形态特征：雄鸟额、头顶、后颈至上背灰色或深灰色，个别个体为灰白色，下背黑色，腰和尾上覆羽橙棕色。中央一对尾羽黑色。两翅覆羽和飞羽黑色或黑褐色。前额基部、头侧、颈侧、颏、喉和上胸黑色，其余下体橙棕色。

生活习性：常单独或成对活动。主要以昆虫为食。其中雏鸟和幼鸟主要以蛾类、蝗虫和昆虫幼虫为食，成鸟则多以鞘翅目、鳞翅目、直翅目、半翅目、双翅目、膜翅目等昆虫成虫和幼虫为食。

地理分布：甘肃太子山国家级自然保护区广泛分布。

【雌鸟】

形态特征：雌鸟额、头顶、头侧、颈、背、两肩以及两翅内侧覆羽橄榄褐色，其余翅上覆羽和飞羽黑褐色具白色翅斑，但较雄鸟小，腰、尾上覆羽和尾淡棕色。

红尾水鸲

Rhyacornis fuliginosa

形态特征：雄鸟通体暗蓝灰色，两翅黑褐色，尾红色。雌鸟上体暗蓝灰褐色，头顶较多褐色，翅上覆羽和飞羽黑褐色或褐色，内侧次级飞羽和覆羽具淡棕色羽缘且尖端具白色或黄白色斑点。大覆羽、初级飞羽和外侧次级飞羽具褐色或淡色羽缘。尾上覆羽和尾下覆羽白色，尾羽暗褐色，基部白色，并由内向外基部白色范围逐渐扩大，到最外侧一对尾羽几全为白色。

生活习性：常单独或成对活动。多站立在水边或水中石头上、公路旁岩壁上或电线上。主要以昆虫为食，如鞘翅目、鳞翅目、膜翅目、双翅目、半翅目、直翅目、蜻蜓目等昆虫和昆虫幼虫。

地理分布：甘肃太子山国家级自然保护区有分布。

白顶溪鸲

Chaimarrornis leucocephalus

形态特征：雄性成鸟头顶至枕部白色；前额、眼先、眼上、头侧至背部深黑色而具辉亮；腰、尾上覆羽及尾羽等均深栗红色，尾羽还具宽阔的黑色端斑；飞羽黑色；颏至胸部深黑色并具辉亮；腹至尾下覆羽深栗红色。雌性成鸟与雄鸟同色，但各羽色泽较雄体略稍暗淡且少辉亮。虹膜暗褐色；嘴、跗跖、趾及爪等均黑色。

生活习性：常单个或成对活动。该鸟一般不太怕人，但当受惊时即快速起飞，飞行能力不强，飞不多远就又落下。在下午及阴天此鸟不太活动，有时伏栖在岩石或岸边树枝。啄食直翅目、鞘翅目、膜翅目、半翅目、鳞翅目等昆虫，大多为水生种类。

地理分布：甘肃太子山国家级自然保护区广泛分布。

黑喉石䳬

Saxicola maurus

形态特征：雄鸟前额、头顶、头侧、背、肩和上腰黑色，各羽均具棕色羽缘，下腰和尾上覆羽白色，羽缘微沾棕色，尾羽黑色，羽基白色。外侧翅上覆羽黑褐色，内侧上覆羽白色，飞羽黑褐色。外翈羽缘棕色，内侧次级飞羽和三级飞羽基部白色，与白色内侧翅上覆羽一起形成翅上大块白色翅斑。颏、喉黑色。颈侧和上胸两侧白色形成半领状，胸栗棕色。腹和两胁淡棕色，腹中部和尾下覆羽白色或棕白色，腋羽和翅下覆羽黑色，羽端微缀白色。雌鸟上体黑褐色具宽阔的灰棕色端斑和羽缘，尾上覆羽淡棕色，飞羽和尾羽黑褐色，羽缘均缀有棕色，内侧翅上覆羽白色，形成翅上白色翅斑。下体颏、喉淡棕色或棕黄白色，羽基黑色。胸棕色，腹至尾下覆羽棕白色，翼下覆羽和腋羽黑灰色，羽缘棕色。幼鸟和雌鸟相似，但棕色羽缘更宽而显著，眼先、脸颊、耳羽黑色，颏、喉羽端灰白色沾黄，羽基黑色，其余似成鸟。 虹膜褐色或暗褐色，嘴、脚黑色。

生活习性：主要栖息于低山、丘陵、平原、草地、沼泽、田间灌丛、旷野，以及湖泊与河流沿岸附近灌丛草地，从海拔几百米到4000m以上的高原河谷和山坡灌丛草地均有分布。常常单独或成对活动。主要以昆虫为食，也吃蚯蚓、蜘蛛等其他无脊椎动物以及少量植物果实和种子。

地理分布：甘肃太子山国家级自然保护区有分布。

锈胸蓝姬鹟

Ficedula sordida

形态特征：雄鸟整个上体包括两翅覆羽暗灰蓝色或石板蓝色，头部和眼周较暗，眼先和颊绒黑色，耳羽蓝黑色。飞羽黑褐色，羽缘较多呈橄榄棕色。尾上覆羽几近黑色，尾黑色具窄的蓝色羽缘，除中央一对尾羽外，其余外侧尾羽基部白色。颏、喉、胸和两胁亮橙棕色或橙栗色，腹至尾羽渐淡多为淡棕色或皮黄白色，两胁有时沾橄榄褐色。雌鸟上体橄榄褐色或橄榄绿褐色，头顶较暗，尾上覆羽沾棕，两翅覆羽和尾暗褐色，羽缘同背、但较背淡，翅上大覆羽具棕白色端斑，眼先和眼周白色或污黄白色。下体颏、喉、胸淡沙灰褐色或浅褐色，胸沾皮黄色，腹和尾下覆羽白色。虹膜暗褐色，嘴黑色，非繁殖期下嘴基部角褐色或角黄色，脚褐色。

生活习性：主要栖息于山地常绿阔叶林、针阔叶混交林和针叶林中，也栖息于竹林、林缘疏林和杜鹃灌丛中，常单独或成对活动，偶尔也见成小群。主要以鞘翅目、鳞翅目、直翅目、膜翅目等昆虫和昆虫幼虫为食。

地理分布：甘肃太子山国家级自然保护区有分布。

红喉姬鹟

Ficedula albicilla

形态特征：雄鸟夏羽上体前额、头顶、头侧、背、肩一直到腰概为灰褐色或灰黄褐色，眼先和眼周白色或污白色，耳羽灰黄褐色杂有细的棕白色纵纹。尾上覆羽黑褐色或黑色，尾黑色。翅上覆羽和飞羽暗灰褐色，羽缘较淡。颏、喉橙红色，腹和尾下覆羽白色或灰白色。秋羽颏、喉橙红色变为白色。雌鸟颏、喉不为橙红色而为白色或污白色，胸沾棕黄褐色，其余似雄鸟。幼鸟似雌鸟，但胸和两胁为赭色或黄褐色，大覆羽和三级飞羽尖端皮黄白色。

生活习性：单独或成对活动，偶尔也成小群。主要以金龟子、夜蛾、叩头虫等鞘翅目、鳞翅目、双翅目以及其他昆虫和昆虫幼虫为食。

地理分布：甘肃太子山国家级自然保护区有分布。

红喉姬鹟

白腹蓝鹟

Cyanoptila cyanomelana

形态特征：雄鸟额基、眼先、颏尖黑色，头顶至后颈天蓝色或钴蓝色，背、肩、腰和尾上覆羽紫蓝色或青蓝色，两翅内侧覆羽颜色同背，外侧覆羽内翈黑褐色，外翈为紫蓝色和青蓝色，因而表面仍和背同色。小翼羽黑色，飞羽黑褐色，中央一对尾羽蓝色或暗青蓝色，基部黑色，其余尾羽外翈蓝色或暗蓝色，尾羽基部白色。头侧、颏、喉、胸黑色或青蓝色，胸以下白色。雌鸟上体橄榄褐色，头侧和颈侧沾灰，腰和尾上覆羽锈褐色，翅上覆羽黑褐色，羽缘橄榄褐色，飞羽黑褐色。颏、喉污白色。

生活习性：多活动在林缘杨、桦次生林和灌丛中，主要以昆虫和昆虫幼虫为食。

地理分布：甘肃太子山国家级自然保护区有分布。

戴菊科 Regulidae

戴菊
Regulus regulus

形态特征：雄鸟上体橄榄绿色，前额基部灰白色，额灰黑色或灰橄榄绿色；头顶中央有一前窄后宽略似锥状的橙色斑，其先端和两侧为柠檬黄色，头顶两侧紧接此黄色斑外又各有一条黑色侧冠纹；眼周和眼后上方灰白或乳白色。背、肩、腰等其余上体橄榄绿色，腰和尾上覆羽黄绿色。尾黑褐色，两翅覆羽和飞羽黑褐色。下体污白色，羽端沾有少许黄色。雌鸟大致和雄鸟相似，但羽色较暗淡，头顶中央斑不为橙红色而为柠檬黄色。

生活习性：常在针叶树枝间跳来跳去或飞飞停停，边觅食边前进，并不断发出尖细的叫声。主要以各种昆虫为食，尤以鞘翅目昆虫及幼虫为主。

地理分布：甘肃太子山国家级自然保护区有分布。

岩鹨科 Prunellidae

鸲岩鹨

Prunella rubeculoides

形态特征：雌雄羽色相似。前额、头顶、枕、头侧、后颈和颈侧褐色或灰褐色。背、肩、腰棕褐色具宽阔的黑色中央轴纹。尾上覆羽橄榄褐色，尾羽褐色，羽缘色淡。翅上小覆羽和中覆羽灰褐或沙褐色，具白色端斑和暗色中央轴纹，乳白色端斑在翅上形成明显的白色翅斑；大覆羽褐色，中央轴纹暗色，羽缘带棕色。尖端棕白色。飞羽暗褐色，羽缘较淡。颏、喉、前颈灰褐或沙褐色，胸暗赤褐色，有时在灰褐色喉和赤褐色上胸之间有一不明显的黑色颈环，下胸、腹、两胁白色或棕白色。

生活习性：常活动在生长有柳灌丛的河谷和岩石、草地。善于在地上奔跑觅食。主要以昆虫为食。

地理分布：甘肃太子山国家级自然保护区有分布。

棕胸岩鹨

Prunella strophiata

　　形态特征：雌雄羽色相似。整个上体棕褐或淡棕褐色，各羽具宽阔的黑色或黑褐色纵纹，腰和尾上覆羽羽色稍较浅淡。尾褐色，羽缘较浅淡。两翅褐色或暗褐色，羽缘棕红色。眼先、颊、耳羽黑褐色；眉纹前段白色，较窄。颈侧灰色具黑褐色纵纹。颏、喉白色杂以黑褐色圆形点斑。胸棕红色，形成宽阔的胸带，下胸以下白色，被黑色纵纹，两胁和尾小覆羽沾棕具黑褐色纵纹。

　　生活习性：性活泼而机警，常在高山矮林、溪谷、溪边柳树灌丛、杜鹃灌丛、高山草甸、草地和农耕地上活动和觅食。主要以豆科、莎草科、禾本科、茜草科和伞形科等植物的种子为食。

　　地理分布：甘肃太子山国家级自然保护区有分布。

栗背岩鹨

Prunella immaculata

形态特征：体小（14cm）的灰色无纵纹的岩鹨。头顶深灰色，头侧、颈侧、颏和胸灰色。背、肩、下背暗栗色或栗红色，腰和尾上覆羽橄榄灰色。尾暗灰褐色，两翅暗褐色，外翈具灰白色羽缘，内侧飞羽外翈和最内侧飞羽栗红色。腹至尾下覆羽栗红色或红棕色。额苍白，由近白色的羽缘成扇贝形纹所致。虹膜外圈橙色，内圈黄色或灰白色，嘴为角质色；脚为暗橘黄色。

生活习性：栖于海拔2000~4000m针叶林的潮湿林下植被，冬季栖于较开阔的灌丛。

地理分布：甘肃太子山国家级自然保护区有分布。

雀科 Passeridae

麻雀
Passer montanus

形态特征：一般麻雀体长为14cm左右，体型略小的矮圆而活跃的麻雀，顶冠及颈背褐色。雌雄形、色非常接近（可通过肩羽来加以辨别，成鸟雄鸟此处为褐红，成鸟雌鸟则为橄榄褐色）。成鸟上体近褐，下体皮黄灰色，颈背具完整的灰白色领环。与家麻雀及山麻雀的区别在脸颊具明显黑色点斑且喉部黑色较少。幼鸟似成鸟但色较黯淡，嘴基黄色。幼鸟喉部为灰色，随着鸟龄的增大此处颜色会越来越深直到呈黑色。幼鸟雌雄极不易辨认。虹膜深褐；嘴黑色；脚粉褐。

生活习性：栖息于居民点和田野附近。在地面活动时双脚跳跃前进，翅短圆。杂食性鸟类，主要以谷物为食。

地理分布：甘肃太子山国家级自然保护区有分布。

鹡鸰科 Motacillidae

灰鹡鸰

Motacilla cinerea

形态特征：中等体型（19cm）而尾长的偏灰色鹡鸰。雄鸟前额、头顶、枕和后颈灰色或深灰色；肩、背、腰灰色沾暗绿褐色或暗灰褐色。尾上覆羽鲜黄色，部分沾有褐色，中央尾羽黑色或黑褐色具黄绿色羽缘，外侧三对尾羽除第一对全为白色外，第二、三对外翈黑色或大部分黑色，内翈白色。两翅覆羽和飞羽黑褐色，初级飞羽除第一、二、三对外，其余初级飞羽内翈具白色羽缘，次级飞羽基部白色，形成一道明显的白色翼斑，三级飞羽外翈具宽阔的白色或黄白色羽缘。眉纹和颧纹白色，眼先、耳羽灰黑色。颏、喉夏季为黑色，冬季为白色，其余下体鲜黄色。雌鸟和雄鸟相似，但雌鸟上体较绿灰，颏、喉白色、不为黑色。虹膜褐色，嘴黑褐色或黑色，跗跖和趾暗绿色或角褐色。

生活习性：主要栖息于溪流、河谷、湖泊、水塘、沼泽等水域岸边或水域附近。主要以鞘翅目、鳞翅目、直翅目、半翅目、双翅目、膜翅目等昆虫为食，也吃蜘蛛等其他小型无脊椎动物。

地理分布：甘肃太子山国家级自然保护区有分布。

白鹡鸰

Motacilla alba

形态特征：额头顶前部和脸白色，头顶后部、枕和后颈黑色。背、肩黑色或灰色，飞羽黑色。翅上小覆羽灰色或黑色，中覆羽、大覆羽白色或尖端白色，在翅上形成明显的白色翅斑。尾长而窄，尾羽黑色，最外两对尾羽主要为白色。颏、喉白色或黑色，胸黑色，其余下体白色。虹膜黑褐色，嘴和跗跖黑色。

生活习性：多栖于地上或岩石上，有时也栖于小灌木或树上，多在水边或水域附近的草地、农田、荒坡或路边活动，或是在地上慢步行走，或是跑动捕食。主要以昆虫为食。

地理分布：甘肃太子山国家级自然保护区广泛分布。

树鹨

Anthus hodgsoni

形态特征：上体橄榄绿色或绿褐色，头顶具细密的黑褐色纵纹，往后到背部纵纹逐渐不明显。眼先黄白色或棕色，眉纹自嘴基起棕黄色，后转为白色或棕白色，具黑褐色贯眼纹。下背、腰至尾上覆羽几纯橄榄绿色，无纵纹或纵纹极不明显。两翅黑褐色具橄榄黄绿色羽缘，中覆羽和大覆羽具白色或棕白色端斑。尾羽黑褐色具橄榄绿色羽缘，最外侧一对尾羽具大型楔状白斑，次一对外侧尾羽仅尖端白色。颏、喉白色或棕白色，胸皮黄白色或棕白色，胸和两胁具粗著的黑色纵纹。

生活习性：常成对或小群活动。多在地上奔跑觅食。食物主要有鳞翅目幼虫、蝗虫、蚂蚁等昆虫。

地理分布：甘肃太子山国家级自然保护区有分布。

粉红胸鹨

Anthus roseatus

　　形态特征：中等体型（15cm）的偏灰色而具纵纹的鹨。眉纹显著。繁殖期下体粉红而几无纵纹，眉纹粉红。非繁殖期粉皮黄色的粗眉线明显，背灰而具黑色粗纵纹，胸及两胁具浓密的黑色点斑或纵纹。虹膜为褐色；嘴为灰色；脚为偏粉色。上喙较细长，先端具缺刻；翅尖长，内侧飞羽（三级飞羽）极长，几与翅尖平齐；尾细长。

　　生活习性：栖息于山地、林缘、灌丛、草原、河谷地带，最高可分布到海拔 4200~4500m 的草甸、灌丛地带。多成对或十几只小群活，性活跃。食物主要为有鞘翅目昆虫、鳞翅目幼虫及膜翅目昆虫，兼食一些植物性种子。

　　地理分布：甘肃太子山国家级自然保护区有分布。

粉红胸鹨

水鹨

Anthus spinoletta

形态特征： 中等体型（15cm）的灰褐色有纵纹的鹨。上体橄榄绿色具褐色纵纹，尤以头部较明显。眉纹乳白色或棕黄色，耳后有一白斑。外侧尾羽具大型白斑，翅下有两条白色横带，下体棕白色或浅棕色。繁殖期喉、胸部沾葡萄红色，胸和两胁微具细的暗色纵纹或斑点。虹膜褐色或暗褐色，嘴暗褐色，脚肉色或暗褐色。繁殖期下体橙黄色，胸部颜色较深，在胸部及两胁具有不明显的暗褐色纵纹。冬季下体暗皮黄色，胸部及两胁的暗褐色纵纹明显。两翼暗褐色，具有两道白色翅斑。尾羽暗褐色，最外侧的一对尾羽外翈白色。上喙较细长，先端具缺刻；翅尖长，内侧飞羽（三级飞羽）极长，几与翅尖平齐；尾细长。虹膜褐色或暗褐色，嘴暗褐色，脚肉色或暗褐色。

生活习性： 主要栖息于高山草原、阔叶林、混交林和针叶林等山地森林中，亦在高山矮曲林和疏林灌丛栖息，甚至见于海拔2700~4400m的高山草甸及多草的高原。食物主要为鞘翅目昆虫、鳞翅目幼虫及膜翅目昆虫，兼食一些植物性种子。

地理分布： 甘肃太子山国家级自然保护区关滩乌龙沟有分布。

燕雀科 Fringillidae

白斑翅拟蜡嘴雀
Mycerobas carnipes

　　形态特征：体大（23cm）且头大的黑色和暗黄色雀鸟。嘴厚重。繁殖期雄鸟外形似雄白点翅拟蜡嘴雀，但腰黄，胸黑，三级飞羽及大覆羽羽端点斑黄色，初级飞羽基部白色块斑在飞行时明显易见。雌鸟似雄鸟但色暗，灰色取代黑色，脸颊及胸具模糊的浅色纵纹。幼鸟似雌鸟但褐色较重。虹膜深褐；嘴灰色；脚粉褐。

　　生活习性：冬季结群活动，常与朱雀混群。嗑食种子时极吵嚷。甚不惧人。

　　地理分布：甘肃太子山国家级自然保护区有分布。

黑尾蜡嘴雀

Eophona migratoria

形态特征：雄鸟嘴基、眼先、额、头顶、头侧、颏和喉等整个头部灰黑色具蓝色金属光泽。后颈、背、肩灰褐色。尾黑色。翅上覆羽和飞羽黑色具蓝紫色金属光泽。下喉、颈侧、胸、腹和两胁灰褐沾棕黄色，腹中央至尾下覆羽白色，腋羽和翼下覆羽黑色，羽缘白色。雌鸟整个头和上体灰褐色，背、肩微沾黄褐色，腰和尾上覆羽近银灰色，中央两对尾羽灰褐色，其余尾羽黑褐色。下体淡灰褐色，尾下覆羽污灰白色。幼鸟和雌鸟相似，但羽色较浅淡，下体近污白色，无橙黄色沾染。

生活习性：树栖性，频繁地在树冠层枝叶间跳跃或来回飞翔。主要以种子、果实等植物性食物为食。

地理分布：甘肃太子山国家级自然保护区有分布。

灰头灰雀

Phvrhula erythaca

【雄鸟】

形态特征:体型略大(17cm)而厚实的灰雀。嘴厚略带钩。似其他灰雀但成鸟的头灰色。雄鸟胸及腹部深橘黄色。雌鸟下体及上背暖褐色,背有黑色条带。幼鸟似雌鸟但整个头全褐色,仅有极细小的黑色眼罩。飞行时白色的腰及灰白色的翼斑明显可见。喙基部较宽,上喙向上隆起略呈钩状。头区枕部、脊背区、翼区、肩肱区已经长出羽毛,但尚未出缨。头区两侧、脊背区特别是腰部绒羽较长且密。尾羽已经长出且出缨。腹区羽毛已经出缨,胸部呈暖褐色,腹部为白色。胫区、股区已经长出羽缨。

生活习性:栖于亚高山针叶林及混交林。冬季结小群生活。甚不惧人。

地理分布:甘肃太子山国家级自然保护区有分布。

【雌鸟】

形态特征：雌鸟下体及上背暖褐色，背有黑色条带。

普通朱雀

Carpodacus erythrinus

形态特征：雄鸟额、头顶、枕深朱红色或深洋红色；后颈、背、肩暗褐或橄榄褐色，具不明显的暗褐色羽干纹和沾染有深朱红色或红色；腰和尾上覆羽玫瑰红色或深红色。尾羽黑褐色，羽缘沾棕红色。两翅黑褐色，翅上覆羽具宽的洋红色羽缘。眼先暗褐色，耳羽褐色而杂有粉红色。两颊、颏、喉和上胸朱红或洋红色。雌鸟上体灰褐或橄榄褐色，头顶至背具暗褐色纵纹，两翅和尾黑褐色，中覆羽和大覆羽端斑近白色。下体灰白或皮黄白色，颏、喉、胸和两胁具暗褐色纵纹。

生活习性：栖息于山区的针阔混交林、阔叶林和白桦、山杨林中。主要以植物性食物为食。

地理分布：甘肃太子山国家级自然保护区有分布。

拟大朱雀

Carpodacus rubicilloides

　　形态特征：雄鸟额、头顶、枕、头侧、颊和耳覆羽辉深红色具窄而尖的银白色条纹或斑点，眼先和眼周鲜红色无白色斑，头顶后部、枕、后颈灰玫瑰红色具暗褐色纵纹。背、肩和两翅覆羽灰褐色具黑褐色纵纹，羽缘沾玫瑰红色，腰玫瑰红色。尾上覆羽灰褐色，羽缘白色尾暗褐色，羽缘淡皮黄色或黄白色。大覆羽和中覆羽暗褐色，羽缘灰褐色并沾玫瑰红色，尤以羽缘较著。飞羽灰褐色，羽缘粉红色或玫瑰皮黄色，次级飞羽羽缘色较淡而宽多为粉红白色。额、喉辉深红色，各羽均具窄而短的银白色条纹，其余下体朱红色亦具白色条纹，尤以胸和上腹部较明显，往后红色变淡，白纹亦逐渐不明显和消失，肛周至尾下覆羽玫瑰红白色。雌鸟上体灰褐色或淡黄褐色具显著的暗褐色纵纹，头顶和头侧纵纹较细窄，两翅覆羽和飞羽黑褐色具窄的淡灰色或灰白色羽缘。尾褐色，最外侧一对尾羽外翈具窄的白色羽缘，下体淡灰色沾褐或皮黄褐色、具显著的黑色纵纹，腹部以下黑色纵纹逐渐减少，直到消失。虹膜暗褐色，嘴角褐色，嘴峰较暗，嘴基角黄色，脚暗褐色。

　　生活习性：高山荒漠鸟类，栖息于树线以上至雪线附近的高山和高原灌丛、草地、有稀疏植物的岩石荒坡，有时甚至上到雪线以上。留鸟，惧生且隐秘。飞行迅速且多跳跃。常单独或成对活动，有时亦呈小群。以植物种子为食，也吃植物叶芽、嫩叶、果实和农作物青稞和豆类等植物。

　　地理分布：甘肃太子山国家级自然保护区有分布。

红眉朱雀
Carpodacus davidianus

【雄鸟】

形态特征：雄鸟前额、眉纹、颊、耳覆羽下半部玫瑰粉红色，有的具暗色羽轴纹和珍珠光泽；眼先、眼后和耳羽灰褐色或暗褐色；头顶、枕、后颈、背、肩和翅上覆羽暗褐色或褐色，具黑褐色羽干纹；头顶羽干纹较细，羽缘沾玫瑰粉红色。背、肩沾红色，腰玫瑰粉红色。尾上覆羽褐色沾玫瑰红色，尾暗褐色。两翅黑褐色，翅上覆羽与背同色。飞羽黑褐色。颏、喉、胸等下体辉玫瑰粉红色。

生活习性：喜桧树及有矮小栎树及杜鹃的灌丛。主要以草籽为食，也吃农作物种子等植物性食物。

地理分布：甘肃太子山国家级自然保护区有分布。

【雌鸟】

形态特征：雌鸟上体灰褐色具宽的黑褐色纵纹，下体淡黄色具黑褐色纵纹，眉纹黄褐色，宽而不明显。

喜山红眉朱雀
Carpodacus pulcherrimus

形态特征:体长约 15cm。雄鸟上体褐色斑驳,眉纹、脸颊、胸及腰淡紫粉,臀近白。雌鸟无粉色,但具明显的皮黄色眉纹。喙较粗厚且尾的比例较长。

生活习性:夏季分布海拔较高、多在林线上缘灌丛草地或有稀疏树木生长的灌丛草地和林缘地带;冬季分布海拔较低、多在3000m 以下的沟谷与河滩灌丛和林缘地带。主要以草籽为食,也吃果实、浆果、嫩芽和农作物种子等植物性食物。

地理分布:甘肃太子山国家级自然保护区有分布。

曙红朱雀

Carpodacus waltoni

【雄鸟】

形态特征：雄鸟前额暗红色。头顶、枕、后颈红褐色具细窄的黑褐色羽干纹，眉纹玫瑰粉红色长而宽阔，眼先经过眼的一条宽暗红色贯眼纹，位于玫瑰粉红色眉纹之下，颊亦为玫瑰褐粉红色。背、肩淡红褐色具粗著的黑褐色纵纹，腰和尾上覆羽玫瑰红色。两翅黑褐色，翅上覆羽和初级飞羽外翈羽缘玫瑰红色。下体从喉、颏一直到尾下覆羽概为玫瑰粉红色。

生活习性：在岩石和灌丛中觅食。主要以果实、种子、花序、嫩叶等植物性食物为食。

地理分布：甘肃太子山国家级自然保护区有分布。

【雌鸟】

形态特征：雌鸟上体灰褐色或皮黄色，具黑褐色羽干纹；头部黑褐色羽干纹较细，背部较粗。下体淡皮黄色或皮黄白色，具细窄的黑褐色羽干纹。

酒红朱雀

Carpodacus vinaceus

【雄鸟】

形态特征：雄鸟通体表面深红色，眉纹淡粉红色而具细绢光泽，头顶羽色较亮和深，眼先和眼周围较暗呈暗红色，腰较淡呈玫瑰红色，两翅黑褐色或黑色，尾黑褐色，羽缘红色。整个下体红色，明显较背亮和淡。腋羽和翅下覆羽褐红色。

生活习性：在林下灌丛、竹丛、河谷和稀树草坡灌丛中活动和觅食，以草籽、果实和种子等植物性食物为食。

地理分布：甘肃太子山国家级自然保护区有分布。

【雌鸟】

　　形态特征：雌鸟上体淡赭棕色或淡棕褐色，具细而不甚明显的暗色纵纹；下背和腰纯色无暗色纵纹；两翅和尾暗褐或黑褐色。外翈羽缘淡棕色或浅赭棕色。内侧两枚飞羽具棕白色端斑，下体赭黄色具灰褐色羽干纹，下胸和腹羽干纹细而不显。

长尾朱雀

Carpodacus sibiricus

【雄鸟】

　　形态特征：雄鸟额、眼先深玫瑰红色；眉纹珠白，耳羽和颊珠白沾红；头顶羽毛较长呈亮粉红色，羽尖白色，而后颈和上背灰褐沾红，羽缘白色；下背和腰纯红色；尾上覆羽暗红；尾羽黑褐色；颏、喉和前颈均珠白色；尾下覆羽淡红色；腋羽和翼下覆羽白色。幼鸟颇似雌鸟，但额、眼先和背部微呈淡红。

　　生活习性：取食于小树、灌木或草穗等植株上。主要以草籽等植物种子为食，也吃浆果、果实和嫩叶。

　　地理分布：甘肃太子山国家级自然保护区有分布。

【雌鸟】

形态特征：雌鸟额、眼先、前颈概暗褐色；耳羽淡褐；上体余部概沙褐色，各羽中央有黑褐色条纹；下背和腰沾橘黄色；尾上覆羽灰褐色；尾羽黑褐；下体余部淡沙褐色；尾下覆羽近白色。

斑翅朱雀
Carpodacus trifasciatus

形态特征：雄鸟前额银白色具有一窄的红色羽缘，在前额形成银白色鳞状斑。头顶、枕、后颈背黑褐色具宽的暗红色羽缘。腰玫瑰红色或暗红色，尾上覆羽暗褐色，末端白色。肩黑褐色，两翅和尾黑褐色。眼先暗红色，颊、耳羽、头侧、颏和喉黑色具粗著的银白色条纹。雌鸟头灰褐色，先端黑色，后颈和上背褐沾棕具黑褐色棕纹，下背更较棕褐色具黑褐色纵纹，腰暗橙褐色，两翅和尾暗褐色，覆羽羽端灰白色。颊、颏、喉淡灰皮黄色具暗色狭缘，胸锈棕色或暗橙褐色。

生活习性：很少鸣叫，但繁殖期间雄鸟常于早晚站在灌木枝头鸣叫，鸣声悦耳。以草籽、种子、果实等植物性食物为食。

地理分布：甘肃太子山国家级自然保护区有分布。

白眉朱雀
Carpodacus thura
【雄鸟】

形态特征：体型略大（17cm）而壮实的朱雀。雄鸟额基、眼先、颊深红色，额和一长而宽阔的眉纹珠白色，羽缘沾粉红色，具丝绢光泽。中覆羽羽端白色成微弱翼斑。

生活习性：高山鸟类。栖息在高山灌丛、草地和生长有稀疏植物的岩石荒坡。成对或结小群活动，有时与其他朱雀混群。取食多在地面，以草籽、果实、种子、嫩芽、嫩叶、浆果等植物性食物为食。繁殖期间单独或成对活动。

地理分布：甘肃太子山国家级自然保护区有分布。

【雌鸟】

　　形态特征：雌鸟前额白色杂有黑色；头顶至背橄榄褐或棕褐色，具宽的黑褐色纵纹；眉纹皮黄白色。虹膜深褐；嘴角质色；脚褐色。

红额朱雀
Carpodacus subhimachalus

形态特征：雄鸟前额、颊和眉纹深红色；眼先、眼后和耳羽灰褐色或暗褐色；头顶、枕、后颈、背、肩和翅上覆羽暗褐色或褐色，具宽的暗红色或橄榄绿黄色羽缘。腰和尾上覆羽橙红色，尾羽黑褐色，两翅褐色或黑褐色。颊、颏深红色，喉、胸深红或橙红色，腹中央较淡，尾下覆羽淡灰色，羽缘白色。雌鸟前额、眉纹金橙黄色，头顶枕、后颈暗橄榄黄色。背、肩灰褐色。腰和尾上覆羽橄榄黄色，无纵纹，两翅和尾暗褐色，颊、颏、喉、胸金橙黄色，其余下体淡褐灰色。

生活习性：常成小群在树枝间或灌木丛中活动，有时也到地上活动。主要以草籽为食，也吃灌木和其他果实、种子。

地理分布：甘肃太子山国家级自然保护区有分布。

金翅雀

Carduelis sinica

　　形态特征：雄鸟眼先、眼周灰黑色，前额、颊、耳覆羽、眉区、头侧褐灰色沾草黄色，头顶、枕至后颈灰褐色，羽尖沾黄绿色。背、肩和翅上内侧覆羽暗栗褐色，羽缘微沾黄绿色。中央尾羽黑褐色。翅上小覆羽、中覆羽与背同色，大覆羽颜色亦与背相似。颊、颏、喉橄榄黄色，下胸和腹中央鲜黄色。雌鸟和雄鸟相似，但羽色较暗淡，头顶至后颈灰褐而具暗色纵纹。上体少金黄色而多褐色，腰淡褐而沾黄绿色。幼鸟和雌鸟相似，上体淡褐色具明显的暗色纵纹，下体黄色亦具褐色纵纹。

　　生活习性：多在低矮的灌丛和地面活动和觅食。主要以植物果实、种子、草籽和谷粒等农作物为食。

　　地理分布：甘肃太子山国家级自然保护区有分布。

黄嘴朱顶雀

Linaria flavirostris

形态特征：雄鸟额、头顶、枕、后颈及背和肩等上体概为沙棕和棕褐色，具粗著的暗褐色羽干纹，腰淡玫瑰红色，尾上覆羽暗褐色具宽阔的白色羽缘。尾黑褐色具白色羽缘，其中外翈白色羽缘较窄，内翈白色羽缘较宽。翅上覆羽褐色，羽缘沙棕色或棕褐色，折叠时外表颜色和背相似。大覆羽褐色，羽缘沙褐色，尖端棕皮黄色或白色。初级飞羽黑色，外翈羽缘白色，次级飞羽暗褐色，羽缘沙棕色，羽端白色。颏、喉和上胸沙棕或沙棕褐色，具黑褐色纵纹，其余下体淡灰白色或白色，具黑褐色纵纹，下腹至尾下覆羽纵纹不明显。雌鸟和雄鸟相似，但腰下无红色、呈淡皮黄色具淡褐色纵纹和白色羽缘。虹膜暗褐色，嘴色淡，冬季黄色夏季灰色，跗蹠黑褐色或黑色。

生活习性：高海拔栖息的鸟类，生活在 2500m 以上沟谷灌丛、山边坡地和草地中，甚至高达 5000m 雪线以上。草食性，食物以草籽、花蕊和其他植物种子为主，少量为鞘翅目昆虫。

地理分布：甘肃太子山国家级自然保护区有分布。

红交嘴雀
Loxia curvirostra
【雄鸟】

　　形态特征：雄鸟夏羽额、头顶至后颈朱红色，羽基褐色或橄榄褐色，常常部分暴露于外，使其额和头顶常有一些灰褐色或草黄色斑点。眼先、眼周、耳羽暗褐色或暗赤褐色，耳羽前至嘴基有一朱红色斑。背、肩、颈侧灰褐色，羽缘和羽端朱红色有时还沾染有橄榄红色，腰和尾上覆羽亮朱红色，长的尾上覆羽黑褐色，尾亦为黑褐色沾红褐色羽缘，尾羽末端呈凹形。翅上覆羽暗褐色具宽的浅朱红褐色端缘。飞羽黑褐色具黄褐色或棕红色羽缘。颏、喉、胸、上腹和两胁朱红色，颏部较淡，几近白色。两胁沾黄褐色，下腹至肛周污灰白色，腋羽具浅红褐色羽缘。虹膜暗褐色或黑褐色；嘴先端上下交叉，黑褐色或角褐色；嘴缘黄褐色；脚黑褐色稍显红色。国家二级重点保护野生动物。

　　生活习性：栖息于山地针叶林和以针叶林为主的针阔叶混交林。主要以落叶松、赤松等针叶树种子为食，也吃红松子、榛子、树叶、花序、浆果等其他树木、灌木种子和果实及草籽、昆虫。

　　地理分布：甘肃太子山国家级自然保护区有分布。

【雌鸟】

形态特征：雌鸟上体灰褐色，各羽中央较暗、具黄绿色尖端，尤以头部黄绿色尖端较鲜亮，腰部黄绿色尖端既亮且宽，常常盖住了基部的灰褐色，使腰呈亮黄绿色而无斑纹，尾上覆羽和尾羽黑褐色，羽缘绿黄色。眼先、眼周、颊、耳羽和颈侧灰色或污灰白色，喉、胸、上腹和两胁灰黄色或淡褐色，先端亮黄绿色，下腹、肛周灰白色，尾下覆羽黑褐色或栗褐色，羽缘灰白色或白色。

鹀科 Emberizidae

白头鹀

Emberiza leucocephalos

形态特征：雄鸟头顶中央至枕白色，前额和头顶两侧黑色或黑栗色，眼先、眼周和眉纹栗色或栗红色，从嘴基经眼下到耳覆羽白色形成一块明显的白色斑。背、肩褐红色或棕色具黑褐色羽干纹，后颈沾灰色，腰和尾上覆羽栗色或棕色。尾羽黑色。颏、喉和颈侧栗红色或栗色，胸、两胁到上腹淡栗红色或赭色。雌鸟头顶和枕淡灰褐色具黑色羽干纹，头部白色被遮盖和较少发展。眼先和眉纹土红褐色，耳羽黑色，背、肩淡红褐色具宽的黑褐色羽干纹。雄鸟和雌鸟相似，但头部无白色。

生活习性：在有稀疏林木的田间、地头和林缘灌丛与草丛中。食物以植物性为主。

地理分布：甘肃太子山国家级自然保护区有分布。

三道眉草鹀

Emberiza cioides

形态特征：体型略大（16cm）的棕色鹀。雄雌个体同形异色。雄性成鸟额具醒目的黑白色头部图纹和栗色的胸带，以及白色的眉纹、上髭纹并颊及喉。繁殖期雄鸟脸部有别致的褐色及黑白色图纹，胸栗，腰棕。雌性成鸟体羽色较雄鸟差淡；头顶、后颈和背部均呈浅褐色沾棕，而满布黑褐色条纹；耳羽也沾土黄色，眼先和颊纹沾污黄色；眉纹、耳羽及喉均土黄色；胸部栗色横带不显明。幼鸟上体黄褐，有的腰以下微沾黄；下体沙黄，除腹和尾下覆羽外，通体满布黑褐色条纹或斑点。虹膜深褐；嘴双色，上嘴色深，下嘴蓝灰而嘴端色深；脚粉褐。

生活习性：喜栖在开阔地带，在吉林地区栖于丘陵地带的稀疏阔叶林、人工林和其他小片林缘；在半山区的开阔地区也有分布；食物大部分为鞘翅目和鳞翅目昆虫及其幼虫和杂草种，如蓼、稗、狗尾草、鹅观草、荸荠、萝卜、麦等种子。

地理分布：甘肃太子山国家级自然保护区有分布。

戈氏岩鹀

Emberiza godlewskii

　　形态特征：体长约 17cm
的鹀。似灰眉岩鹀但头部灰
色较重，侧冠纹栗色而非黑
色。与三道眉草鹀的区别在
顶冠纹灰色。雌鸟似雄鸟但
色淡。幼鸟头、上背及胸具
黑色纵纹，野外与三道眉草
鹀幼鸟几乎无区别。虹膜深
褐色；嘴蓝灰色；脚粉褐色。

　　生活习性：喜干燥而多
岩石的丘陵山坡及近森林而
多灌丛的沟壑深谷，也于农
耕地活动。

　　地理分布：甘肃太子山
国家级自然保护区有分布。

小鹀

Emberiza pusilla

形态特征：雄性成鸟头顶、头侧、眼先和颊侧均赤栗色，头顶两侧各具一黑色宽带；眉纹红褐；耳羽暗栗色，后缘沾黑色；颈灰褐而沾土黄色；肩、背沙褐色，腰和尾上覆羽灰褐色；小覆羽土黄褐色；中和大覆羽黑褐。尾羽褐色，最外侧一对尾羽有一白色楔状斑；喉侧、胸、胁均土黄色，具黑色条纹；下体余部白色；翼下覆羽和腋羽白色，后者中央发黑。雌性成鸟羽色较雄鸟淡；头顶中央红褐色，头顶两侧黑色带呈黑褐色；其余各部与雄鸟春羽同。

生活习性：栖息于灌木丛、小乔木、草地与苗圃和麦地中。主要以种子、果实等植物性食物为食，也吃昆虫等动物性食物。

地理分布：甘肃太子山国家级自然保护区有分布。

灰头鹀

Emberiza spodocephala

【雄鸟】

形态特征：嘴基、眼先、颊和颏斑灰黑色；头全部、颈周和胸绿灰色而微沾黄；上背、肩橄榄绿色，微沾赤褐，羽中央具宽阔黑色条纹，羽缘黄褐；下背、腰和尾上覆羽浅橄榄褐色；尾羽黑褐，中央尾羽具黄褐色羽缘，其余尾羽绿亮褐色；胸淡硫黄色，至肛周和尾下覆羽转为黄白色；胸侧和两胁淡褐而具黑褐色条纹；腋羽淡黄；翼下覆羽黄白色，羽基暗色。冬季头和颈橄榄绿色比较显明。虹膜褐色；嘴棕褐，下嘴除先端外色浅；脚白色。

生活习性：栖息在平原以至高山，可见于海拔 3000m 左右。生活于山区河谷溪流两岸、平原沼泽地的疏林和灌丛中，也在山边杂林、草甸灌丛、山间耕地以及公园、苗圃和篱笆上。

地理分布：甘肃太子山国家级自然保护区有分布。

【雌鸟】

形态特征：眼先、眼周和不清楚的眉纹牛皮黄色；颊纹淡黄延伸于颈侧；耳羽褐色，具黄色轴纹；头色较雄者发褐而颊部和颏不黑；喉和下体淡硫黄色，喉和上胸微沾橄榄绿色；由暗黑色点斑形成的颧纹颇为明显；体侧和两胁棕褐而具黑色条纹；下腹和尾下覆羽黄白色；其他部分与雄者同但较浅淡。

主要参考文献

［1］赵欣如 . 中国鸟类图鉴［M］. 北京：商务印书馆，2018.

［2］刘阳，陈水华 . 中国鸟类观察手册［M］. 长沙：湖南科学技术出版社，2021.

［3］赵正阶 . 中国鸟类手册［M］. 长春：吉林科学技术出版社，1995.

［4］郑光美 . 中国鸟类分类与分布名录［M］.3 版 . 北京：科学出版社，2017.

［5］赵正阶 . 中国鸟类志［M］. 长春：吉林科学技术出版社，2001.

［6］MACKINNON J，PHILLIPPS K. 中国鸟类野外手册［M］. 卢和芬译 . 长沙：湖南教育出版社，2000.

［7］杨宇翔 . 甘肃湿地鸟类图鉴［M］. 兰州：甘肃科学技术出版社，2018.